是沙拉 是主食 是甜品 也是

摩天文传·编著

梅森罐沙拉

| 适合人群 | 健身族 | 派对族 | 妈妈族 | 减肥族 | 上班族 |

化学工业出版社
·北京·

梅森罐沙拉是现在在日本、韩国及欧美国际非常流行的时尚美食。现代人的生活节奏加快，但对饮食健康的追求却并未减少。梅森罐沙拉不仅外观看起来高颜值，更重要的是，用这种密封罐装满食物，食用起来非常方便，适合忙碌的上班族。

本书共介绍了 68 款梅森罐沙拉的制作方法，并说明了每个沙拉可针对身体出现的哪些状况进行改善，突出了功能性，还列举了部分食材的营养成分及其功效。所有使用的食材均为常见食材，方便购买。自己制作时食材多样，营养全面，可尽情发挥想象力。在制作健康美味的同时感受创意的乐趣。

图书在版编目（CIP）数据

梅森罐沙拉 / 摩天文传编著 . —北京：化学工业出版社，2017.3
ISBN 978-7-122-29055-7

Ⅰ. ①梅… Ⅱ. ①摩… Ⅲ. ①沙拉 菜谱 Ⅳ. ① TS972.121

中国版本图书馆 CIP 数据核字 (2017) 第 026962 号

责任编辑：马冰初　　李锦侠
责任校对：吴静

出版发行：化学工业出版社（北京市东城区青年湖南街 13 号　邮政编码 100011）
印　　装：北京瑞禾彩色印刷有限公司
710mm×1000mm 1/16 印张 10 ½ 字数 200 千字　2017 年 8 月北京第 1 版第 1 次印刷

购书咨询：010-64518888（传真：010-64519686）　售后服务：010-64518899
网　　址：http://www.cip.com.cn
凡购买本书，如有缺损质量问题，本社销售中心负责调换。

定　　价：　39.80 元

前 言

1. 餐桌新宠，罐装沙拉

近年来欧美卷起一股梅森罐料理旋风，色彩鲜艳的梅森罐沙拉光是端在手上就让人眼前一亮，在即将入夏的时节，梅森罐沙拉逐渐成为欧美上班族避免在外就餐时常吃到高油、高盐、高糖食物的解决方法之一。它可补足缺少的蔬果，且做法简单不费时，放在背包里带出门和取食都方便。本书将从不同的食材角度给沙拉爱好者提供更多翔实的搭配范例，逐渐实现健康和美味的同步升级。

2. 轻食理念，前沿发声

"轻食"和简餐并不完全一样，简约而不简单，注重饮食健康，是此类餐饮的最大特点。梅森罐沙拉的理念在于，它补充了饮食中最容易缺乏的蔬果。如果你是一个外食族，或是一个经常无暇准备餐点的人，这本书正要向你展开的，就是如何通过简单制作来补足身体一日所需的蔬果分量，帮助人们通过梅森罐沙拉叩响轻食主义的大门，重新认识轻食概念。

3. 精选范例，突破传统

味蕾与健康的需求永远没有终点，从最基本的水果搭配到跨国界的食材组合，美食承载和发生的味觉理念是不断翻新迭出的。本书从众多沙拉的搭配中，精选出 80 款梅森罐沙拉搭配范例，根据不同人群的口味，选取水果、蔬菜、肉类等多种食材，融合全球各式风味，秉持健康纤体的理念进行梳理及归类，通过对传统沙拉装带方式的颠覆，激发普通人对轻食理念的思考，在增加身体代谢的同时，更达到纤体美容与健康饮食的目的。

目录 /CONTENTS

Chapter 1

多维健康轻食理念

Chapter 2

美味可口的水果沙拉

Chapter 3

优化体内环境的杂蔬沙拉

Chapter 4

营养健康的轻荤沙拉

Chapter 5

开胃诱人的无国界沙拉

Chapter 6

纤体瘦身的代餐沙拉

Chapter 1

多维健康
轻食理念

什么是梅森罐沙拉？

    轻食、高纤、原味、多种营养结合，梅森罐沙拉在全球不乏拥趸。因为有独特的携带方式，所以受到都市人的一致欢迎。梅森罐沙拉开启了一种全新的食材、营养组合方式，它给都市人提供了一种更为便捷高效的营养摄取方案。

梅森罐沙拉（Mason Jar Salad），是一种简单却充满心意的轻饮食料理，百分百 DIY 的制作过程让人感受随心搭配的乐趣。制作方法很简单，只要将自己喜欢的蔬菜、水果等食材，经过洗净、沥干等工序，分层放入透明的梅森罐中，就完成了一道简单并且美味的梅森罐沙拉。

在制作时，沙拉的食材选择十分多元化，并富有变化性，只需要按照心情挑选自己喜欢的食材做出有趣的搭配组合，让食物在唇齿之间产生新奇的滋味，它们既坚持自己的独特个性又出乎意料地相互融合。罐装式的沙拉，因为彼此经过一定空间的压缩，以及一定时间的发酵，拥有比普通沙拉更美味的口感和更丰富的营养。透过透明而复古的瓶身能直接看到色彩缤纷的分层食材，成为厨房里、餐桌上的另一道风景。

梅森罐的尺寸

美国制造的 Ball 料理储藏罐共有两种口径，分别是直径 6 厘米的标准罐和直径 9 厘米的宽口罐，两种口径各有多种容量可选择，相同口径的盖子与配件均可通用。

小型罐

基本尺寸为 120 毫升 (4 盎司)，适合盛放各种酱汁以及果泥、薯泥等，可配合大罐一起携带。

小型罐

基本尺寸为 240 毫升 (8 盎司)，能装流质食材以及豆类、米类等食材，同时也适合装小杯量果汁。

小型罐

基本尺寸为 360 毫升 (12 盎司)，能满足食量不大的成年女士每餐摄食量标准。

中型罐

基本尺寸为 480 毫升 (16 盎司)，口径较大，因此可以装西蓝花、番茄、南瓜块、鸡蛋等大个食材，容积能满足成年女士或男士每餐摄食量标准。

中型罐

基本尺寸为 720 毫升 (24 盎司)，瘦长罐身适合装饮料，也能进行多层叠放，对于较长的食材。

大型罐

基本尺寸为 960 毫升 (32 盎司)，适合装疏松的食材（例如切碎的菜叶、软的水果等），确保食材不被过度挤压变形，也能作为满足 2~3 人摄食量的沙拉盛装容器。

大型罐

基本尺寸为 1920 毫升 (64 盎司)，梅森罐中最大的尺寸，基本不作为新鲜食材便携出门的盛装工具，可以考虑作为腌渍类食物储存罐。

在梅森罐沙拉的制作过程中，请留意玻璃罐的形式，尽量避免使用矮罐子，建议使用纵长型玻璃罐，不让酱料泡软菜类，以免影响口感。

- 宽口瓶，240毫升（8盎司），直径约7厘米，高10厘米，为1人份，可用于上班族制作便当。
- 宽口瓶，480毫升（16盎司），直径约8.5厘米，高约12.5厘米，为大食量男士1人份，或普通食量2~3人份，可用于招待客人或携带参加聚会。

使用梅森罐的注意事项

梅森罐作为家庭常用的一种食物便携、耐加热处理的盛装容器，在使用和清洁上有很多值得注意的地方。

美国 BALL 经典的 Mason Jar 常常被作为制作罐装沙拉的容器，其罐身为玻璃材质，容易清洗，且不必担心材料安全性。它的瓶盖是双层设计、使用已申请专利的橡胶圈内盖和金属环外盖构成的双重盖，可让瓶子完全密封，即使倒放也不会流出内容物，使食物能以最安全的状态保存于瓶中，携带外出也很方便。

在使用过程中需要注意以下事项

1 / 梅森罐不可以放入微波炉、洗碗机、烤箱中使用。

2 / 梅森罐罐身可以承受100℃水温，盖子可以承受80℃的水温。

3 / 玻璃罐自冰箱取出后需静置至室温，才可加入热的食物或者液体。

4 / 罐身与罐内食物需要完全冷却后才可放入冰箱中冷冻或冷藏。

5 / 罐身如果是从沸水中取出，请先放置于厚毛巾上以防瞬间温差过大。

6 / 原装盖子为马口铁材质，质地轻，方便携带，但非防锈材质，清洗后请尽量用布擦干，保持表面干燥。密封胶条亦会随着时间的延长而耗损，若有真空保存需求，建议每次密封均更换新的垫片，盖子属消耗性配件，可单独选购（窄口或宽口）。

7 / 注意留意摆放与收纳位置，避免敲击或碰撞，如发现已产生细小裂痕，请勿继续使用。

梅森罐沙拉常用酱料

梅森罐沙拉中除了会放入主要的果蔬等食材以外，还会使用不同的酱料进行调味，酱料虽然不是主要食材，却以其丰富的变化赋予每一道沙拉不同的味道，香甜的法式蛋黄酱、微酸的意式橄榄油酱汁、清淡的日式和风沙拉酱、南洋风味的泰式酸甜酱……让梅森罐沙拉不再仅仅是单纯的果蔬堆叠，而成为了一道富有个性的轻食料理。

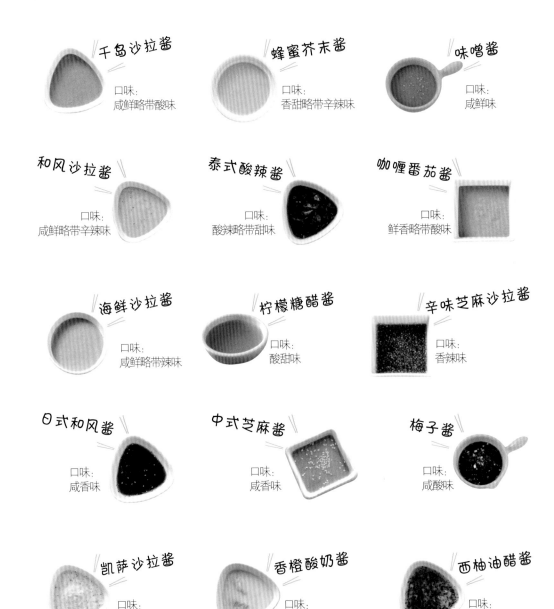

千岛沙拉酱
口味：
咸鲜略带酸味

蜂蜜芥末酱
口味：
香甜略带辛辣味

味噌酱
口味：
咸鲜味

和风沙拉酱
口味：
咸鲜略带辛辣味

泰式酸辣酱
口味：
酸辣略带甜味

咖喱番茄酱
口味：
鲜香略带酸味

海鲜沙拉酱
口味：
咸鲜略带辣味

柠檬糖醋酱
口味：
酸甜味

辛味芝麻沙拉酱
口味：
香辣味

日式和风酱
口味：
咸香味

中式芝麻酱
口味：
咸香味

梅子酱
口味：
咸酸味

凯萨沙拉酱
口味：
咸香略带辛辣味

香橙酸奶酱
口味：
酸甜味

西柚油醋酱
口味：
咸酸味

面对多种口感味觉不同的食材，怎么叠放组合既能有美感又能确保口感呢？在梅森罐分层装罐这道流程中也有不少门道。

第一顺位放入酱汁

　　梅森罐沙拉的装罐秘诀在于要有清晰的层次感，一般先在底层放置酱料，一开始就将酱汁放于底层，可以避免酱汁把软性食材泡烂，导致食物失去原本的鲜甜味。对于2~3人份梅森罐，每层垫3~4茶匙酱料，对于小一号的梅森罐，每层垫2茶匙酱料。

释放香味或不易吸收酱汁的食材放在最下方

　　放置好酱汁后，最底层一般放入会释放味道或是不容易吸收酱汁的食材，例如，将洋葱放于底层，这样多层的酱汁调料可以稀释洋葱刺激的味道。

放入沾到酱汁也很美味的食材

　　含有水分的果蔬会让底层的酱汁逐渐上升，中层适合放入玉米、甜椒、生菜等沾到酱汁会更美味的食材。较硬的食物放在偏下方，容易压碎的较软的食物放在上方。

保留原味口感的食物放在顶部

　　沙拉顶部可放置坚果、鲜味鱼仔、鱿鱼酥等要保持酥脆、原味的食物。同时可以放上薄荷叶等作为点缀，增加沙拉的装饰感。

梅森罐沙拉最易出现食材搭配失误，要警惕！

　　本身不会释放味道，又容易吸收酱汁，味道难以与其他食材融合的食物，例如干燥白萝卜丝、芦笋等一沾水就会变色，均不宜放在最底层。

层间紧密，注重色彩搭配

　　每一层食物，层与层之间放置紧密。食材压缩得越紧密，空气越少，沙拉会越新鲜。可根据自己的喜好进行色彩搭配。

梅森罐的分层营养学

　　简单的料理也需要精心的搭配才能够让美味升级，运用梅森罐沙拉的分层营养学，解析玻璃罐沙拉食物的混搭巧思。梅森罐沙拉的分层概念，主要是根据梅森罐的高度，把食物按照属性进行分布；平摆在保鲜盒里的沙拉，酱汁会流动于食材间，但分层罐装沙拉更容易保存与携带，同时分层的料理方式能让食物保持最原始的味道与口感。

第六层：质地软嫩的果蔬

质地软嫩的叶菜果蔬或是需要保留最原始口感的食物放在最上层，例如豆芽、薄荷叶、樱桃等。而在摆放叶菜类时应该注意蔬菜洗净后需沥干水分，避免细菌滋生，影响食物清脆感，并导致水溶性营养素流失。同时摆放蔬菜时要装满整个瓶身，甚至摆到比瓶口更高的位置，再用手向下压，去除空气后盖上盖子。减少食材间的空隙，加强密封性，能减缓蔬菜的腐坏速度，一次做上好几罐放于冰箱中，也不会担心食物变质不新鲜。

第五层：蛋白质食物

食肉族如果觉得单吃果蔬太单调，可以在这一层加入蛋白质食物，补充维生素 B_{12} 或 ω-3 脂肪酸等，帮助细胞新陈代谢和维护心血管的健康。适合的食物有：鲔鱼、鸡胸肉、金枪鱼、虾蟹、大豆等。但要保证加入的肉类和海鲜食物是煮熟状态，避免出现肠胃不适。

第四层：坚果／芝士等香脆食物

第四层可以放入一些干果类、莓果类食物，补充不饱和脂肪酸，增加沙拉的营养价值，如坚果类、芝司条、牛油果、杏仁、奇亚籽，或是富含抗氧化物质花青素及多种维生素的蓝莓、覆盆子等。

第三层：根茎类食材与较硬的蔬果

中间层适合放入一些质地偏硬但本身水分较多的食物，如甜椒、玉米笋、玉米粒、菜花、秋葵、蘑菇、菠萝、草莓等果蔬。

第二层：容易浸渍与口感偏硬的食材

第二层的食材会直接接触酱汁，所以应该选择外皮较厚、能够长期浸渍在酱汁里的食材，例如胡萝卜、黄瓜、豆类、洋葱等，并依据个人口味做调整。洋葱等食物本身具有独特的味道，能让酱汁变得更美味。

最底层：酱汁作底层

首先将 1~2 汤匙酱汁等液体最先放入瓶底，或以不淹没第三层的食材为基准。目的是为了不影响整罐沙拉料理的风味。在酱汁的选择上，可以考虑和食材风味的搭配度。对于正在瘦身的女生，不想一次吃进太多热量，则需要注意酱汁里油脂与糖的比例。红酒醋＋橄榄油、苹果醋＋橄榄油、日式和风酱、原味酸奶、梅子酱等都是健康酱料。

梅森罐沙拉的携带技巧

梅森罐是玻璃材质的，怎么携带才能不被磕碰？除了袋提方式，这里还教你大罐装沙拉的车载携带法，将沙拉安全保鲜带出门。

适合上班族携带的单人份梅森罐沙拉

超强的密封性、超易携带的便利性是梅森罐的两大特色，所以在轻食、野餐与环保等概念逐渐盛行起来时，塑胶材质容器、铁罐容器等逐渐被摒弃，便于携带的玻璃罐器皿成为了新宠。对于将梅森罐沙拉作为代餐便当的上班族而言，出门前只需将沙拉从冰箱里取出后静置 10 分钟，将瓶身擦干，检查好瓶盖的密封性，就可以装包带出门了。早餐或午餐时间，开盖即食，是一款能够让忙碌的上班族快速食用的健康代餐沙拉。

适合户外野餐的多人份梅森罐沙拉

若想在春夏阳光正好的时候，带上家人或朋友来一次户外野餐，梅森罐沙拉绝对是必不可少的菜品推荐。可以在野餐前一天制作好，存放于冰箱中，或早起准备好材料，快速制作完成以确保新鲜度。将制作好的罐装沙拉检查好瓶盖密封性，放入野餐盒中。为了防止路上颠簸，可在盒子四周以及玻璃罐之间塞上塑料泡沫或海绵等防震。在炎热的夏日也可以在盒子中放入冰块降温，避免温度过高而使食物变得不新鲜。

梅森罐沙拉的保鲜秘诀

想要携带最新鲜的梅森罐沙拉出门，就必须注意梅森罐沙拉的保鲜方法。梅森罐沙拉能够保存较长时间，不只是因为瓶子的密封性好，在放入食材时，最上面的食材应该摆到比罐身还高，再用手往下压，去除空气并盖上盖子。当接触空气的面积减小之后，食材的新鲜度才不会下降。最后放入冰箱中冷藏，出门前取出即可，这样就能保证即使是在户外也能吃到新鲜的梅森罐沙拉。

梅森罐沙拉的食用方法

　　梅森罐沙拉吃法的精髓是机动性高，自由自在，方便简单。无论你是忙碌的上班族或是拥有较多空闲时间享受精致生活的家庭主妇，都能够用简单的方式去享受一道美味的梅森罐沙拉。

适合上班族的快速食用法

　　上班族很难有悠闲的时间来享用美味，当我们需要快速解决沙拉料理，或是手边没有碟子、盘子等容器来盛装沙拉时，开罐即食是最便捷的食用方法。但因为酱料都在瓶底，在吃之前把瓶罐上下摇一摇让沙拉酱均匀沾到并渗透进食材里，使用长勺子或长叉子在食用前稍微搅拌一下，让酱汁能够均匀地沾在食材上。这种快速食用法大大节约了时间。

适合小家庭的盘子食用法

　　周末在家不需要匆匆忙忙地解决一餐，可以选择用盘子装沙拉，更悠闲自在地享用食物。选择用盘子来装沙拉，先将整个瓶子轻轻摇晃之后，再把沙拉小心地倒在盘中，适当搅拌后即可食用。因为酱汁在最底层，所以先出来的是各类食材，而沙拉酱有水分，用略带深度的盘子盛装不容易溢出液体。如果食用前沙拉放置在冰箱中，则需要先取出静置数分钟，等沙拉恢复常温后再食用。若是觉得沙拉酱不够，还可以将沙拉倒出来摆盘后，撒上少许盐或黑胡椒，可以让沙拉更美味。

适合宴客的食材装饰食用法

　　若是将梅森罐沙拉作为宴请朋友的食物之一，除了需要关注味道与新鲜口感之外，还应该在装扮上略花心思。想要让梅森罐沙拉变得更具美感，可以先在盘子周围摆放上一些剩余的食材，例如将鲜红可爱的圣女果或是清新的薄荷叶点缀在边上。装饰完毕后再将沙拉倒出，用勺子略作调整。随意自然地摆放是梅森罐果蔬沙拉的特色，所以无需摆放规整，些许的凌乱感会让沙拉更显可爱。再于表层挤上沙拉酱，就装饰完毕了。若是加了肉类的沙拉，可以先用微波炉稍微加热再摆盘食用，风味更佳。

梅森罐沙拉的热量控制诀窍

营养健康的梅森罐沙拉拥有低热量的优势，但并不意味着所选食材都是水果蔬菜一类的素食。掌握好控制热量的诀窍，那些看似高热量的食物也能加入梅森罐沙拉中。

一半的米饭分量最合适

在梅森罐沙拉中有时候会放入米饭等主食来增加代餐沙拉的饱腹感。米饭不要塞得过紧，应该保持较为松散的状态，将米饭装到梅森罐高度一半偏低的位置最佳。例如使用 480 毫升的梅森罐，将米饭装至 200 毫升的刻度线左右即可。新手可以使用测量工具来估算米饭的分量，熟练之后可以选择更为方便快捷的目测方式。

利用螺旋状或蝴蝶形意大利面防止过量

细长型的面条由于体积小，在同样容量的瓶子中可以放入更多的量，而意大利面通常为螺旋状或蝴蝶形的短面，装入瓶中会占据较大的体积，可以避免塞入过多。梅森罐沙拉是轻食料理，过多的主食会显得分量太足，多添加水果和蔬菜能更好地控制热量。

采用无油做法处理食材

当选择肉类等食材时，可以选择用微波炉、无油烧烤机等降低油脂的烹饪工具，用高温高速的热气循环快速加热食物，从食物本身中获取油脂，使其外焦里嫩。选择一口好锅也十分重要，材质好的锅，无需放油或少放油也不会粘锅。在翻炒肉类食材时，肉本身含有不少油脂，即使不加油也能烹饪。不给食物增加额外的油脂，会让食物更健康。

肉类食材做好低热量处理

在处理肉类食材时，应该运用各类小诀窍做好低热量处理，降低肉食的热量。例如需要制作肉松时，可以加入豆腐，降低肉所占的比例。豆腐一直有"素肉"之称，因其口感、香味都和肉很像，所以并不会影响肉松的最终口味。除此之外，还可以通过去掉脂肪较多的肥肉和表皮部分来降低食材的油脂含量。

选择有咀嚼度的食材

选择豆类、坚果类或是鳗鱼类带有韧性的食材，这些食材可咀嚼度高，能够带来用餐时的满足感。在选择蔬菜时，可以尽量选择洋葱、黄瓜、莴苣等硬度较高的食材。较硬的蔬菜根部会比柔软的叶片更容易营造口感，即使食用量不大也能增加饱腹感，避免进食过量。

口味过度清淡反而不利于瘦身

有时候人们常常会有一个误区，认为想要避免摄入过多热量，尤其是想要瘦身的人，在吃沙拉时也要选择口感清淡无味的菜品。但是沙拉本身就是少油少盐的食物，料理的调味全靠酱汁和食物本身的味道，如果吃得过于清淡，反而不能满足味蕾的需求，容易产生饥饿感。丰富的调味料会让人产生比较高的满足感，减少空虚感，反而可以避免多吃。同时梅森罐中多为果蔬类，使用的调味料多一些，也更有利于隔绝空气，使食物保持新鲜。

低卡蔬菜搭配高卡食材更合适

肉类、坚果、米饭、法式面包等食物热量偏高，单吃不仅会摄入过多的热量，味道也会过于厚重而显得不清爽，所以应该搭配一些例如黄瓜、羽衣甘蓝、芦笋、圆生菜等低脂肪含量的蔬菜，让沙拉整体的热量控制在 500 千卡以下。同时每一罐沙拉中，加入红、黄、绿、紫等多种颜色的蔬菜，能够让营养更为均衡，颜色也更为漂亮。

合理挑选肉类产品

瘦猪肉的热量约为 143 千卡，鸡胸肉的热量约为 133 千卡，而瘦牛肉的热量约为 106 千卡。选择不同热量的肉类产品，摄入的热量必然不同。很多人依靠运动进行减脂塑形，而鸡胸肉含有对人体生长发育有重要作用的磷脂类，既能满足增肌人群需要的营养，又能使人获得超长时间的饱腹感，很适合减脂人群。采用水煮的方法，再随意撕成小块加入沙拉中，既美味又低脂健康。

用全麦谷物代替米饭

用燕麦、藜米、糙米、黑麦等一类的全麦类谷物代替米饭加入到沙拉中，不仅能够获得同样的饱腹感，还能获得更多的营养元素。全麦谷物含有丰富的谷物纤维、维生素和矿物质。全麦谷物的血糖生成指数很低，使人不用担心肥胖问题。而全麦中所含的 B 族维生素可以缓解人体的疲劳与压力，补充机体活力，让人放松不紧张。

Chapter **2**

美味可口的
水果沙拉

草莓香蕉冰淇淋沙拉

草莓 + 西柚 + 香蕉 + 猕猴桃

先将香蕉剥皮，再将果肉切成 6~7 毫米的片状。

先去除猕猴桃的表皮，再将其切成厚度为 5~6 毫米的薄片。

草莓用盐水浸泡 5~10 分钟后，用清水冲净，去蒂后对半切开。

西柚去皮分瓣，并将其切成大小均匀的块。

改善症状

毒素积沉	眼部疲劳
皮肤暗沉	咽喉肿痛
消化不良	食欲缺乏
餐后腹胀	易感冒

BEAUTY & HEALTHY

草莓含有丰富的维生素、矿物质和纤维，还含有丰富的抗氧化物质。它们能有效抵抗自由基，增强皮肤弹性，提亮肤色，去除色斑。香蕉富含膳食纤维，能保持肠道健康，预防毒素的囤积，因而香蕉也是美肤的一大助力。拥有天然维生素 P 和可溶性纤维素的西柚，是含糖分较少的水果。它能改善皮肤毛孔状况，增强机体解毒功能。

材料

❶ 草莓　　8 个
❷ 西柚　　6~8 块
❸ 香蕉　　1 根
❹ 猕猴桃　1 个

做法

❶ → ❷ → ❸ → ❶ → ❹

将食材依顺序放入梅森罐中即可。

芸豆带来的丰富的蛋白质能与肉类相媲美，搭配玉米带来的粗纤维，组成了一道四季皆宜的沙拉。

芸豆玉米香蕉沙拉

花芸豆 + 甜玉米粒 + 香蕉 + 薄荷

玉米剥粒，用糖水将玉米灼熟，或直接选择甜玉米粒罐头即可。

用清水将薄荷冲洗干净，摘取顶端叶片部分。

香蕉剥皮，切厚片。

花芸豆必须要用沸水煮透煮熟，消除其毒性。

改善症状

肥胖	便秘
排毒不畅	免疫力低
胆固醇高	肝火旺盛
皮肤粗糙	头发枯黄

BEAUTY & HEALTHY

芸豆堪称可以食用的护肤品，具有丰富的蛋白质、钙、铁、B族维生素，可以促进肌肤的新陈代谢，促进机体排毒，改善皮肤、头发干燥。芸豆中所含的膳食纤维可缩短食物通过肠道的时间，达到轻身纤体的目的。

材料

❶ 花芸豆　　20 克
❷ 甜玉米粒　250 克
❸ 香蕉　　　1 根
❹ 薄荷　　　少许

做法

❷ → ❶ → ❸ → ❷ → ❹

花芸豆是不易煮熟的食材，煮到口感软糯才能食用。将食材依顺序放入梅森罐中即可。

双茄草莓沙拉

番茄 + 草莓 + 黑番茄 + 薄荷

番茄在清水下稍作冲洗，摘掉顶部的蒂端并切成小块。

黑番茄在清水下稍作冲洗，摘掉顶部的蒂并切成小块。

用清水将薄荷冲洗干净，摘取顶端叶片部分。

草莓在清水下稍作冲洗，摘掉顶部的蒂并切成小块。

改善症状

口干舌燥	消化不良
肥胖	免疫力低
便秘	肤色暗沉
色斑	咽喉肿痛

BEAUTY & HEALTHY

番茄富含番茄红素，它是一种天然色素，也是自然界中较强的抗氧化剂之一。所以，番茄清除自由基的功效远胜于其他类胡萝卜素和维生素E，女性多吃番茄不仅能够美白，还可以有效预防免疫力下降引起的各种疾病。

材料

1. 番茄　　　1 个
2. 草莓　　　6~7 个
3. 黑番茄　　5 个
4. 薄荷　　　少许

做法

1 → 2 → 3 → 1 → 2 → 4

将食材依顺序放入梅森罐中即可。可根据个人口味加入适量蜂蜜。

蓝莓富含氨基酸、矿物质和维生素，搭配清甜可口的草莓，组成一款高颜值沙拉。

双莓香蕉奇异果沙拉

草莓 + 奇异果 + 蓝莓 + 香蕉 + 欧芹

香蕉去皮后容易变黑，要尽早食用。

用清水浸泡蓝莓 10 分钟，表面的白霜是营养价值所在，不必去除。

欧芹洗净，切成小株。

用盐水浸泡草莓 5~10 分钟后，用清水冲净，去蒂后切小块。

先去除奇异果的表皮，再将其切成小块。

改善症状

皮肤老化	免疫力低
浅眠多梦	肤色暗沉
风热咳嗽	口腔溃疡
咽喉肿痛	消化不良

BEAUTY & HEALTHY

蓝莓有多种吃法，根据自己的喜好，可以直接拌入沙拉中，也可以打成汁，还可以做成蓝莓酱。蓝莓中富含的多酚类物质可分解腹部脂肪，有助于控制体重。另外，草莓含有丰富的维生素、矿物质和部分微量元素，双莓的搭配让人既能享受美味，又能获取人体所需的营养。

材料

1 草莓　　　6 个
2 奇异果　　1 个
3 蓝莓　　　100 克
4 香蕉　　　1 根
5 欧芹　　　少许

做法

1 → **2** → **1** → **3** → **4** → **5**

香蕉剥开后要尽快食用，放久了的香蕉容易变黑，影响食欲。将食材依顺序放入梅森罐中即可

生菜豆芽火龙果沙拉

火龙果 + 红叶生菜 + 生菜 + 黄豆芽

用清水浸泡将其洗净，切成5厘米的段。

用清水浸泡将其洗净，切成5厘米的段。

火龙果去皮，取其果肉并捣成泥状。

黄豆芽去尾端切平整，放入沸水中焯至3~4分熟。

改善症状

皮肤老化	失眠
肥胖	食欲缺乏
腹胀	肤色暗沉
便秘	皮肤粗糙

BEAUTY & HEALTHY

红色果肉火龙果花青素含量较高，花青素是一种效用明显的抗氧化剂，能对抗自由基，有效抗衰老。另外，火龙果富含维生素C，以及具有纤体减脂作用的水溶性膳食纤维，减肥瘦身效果十分理想。红叶生菜含有莴苣素，能清热去火、改善失眠，对时常处于高压状态的白领很适合。

材料

❶ 火龙果　　1/4 个
❷ 红叶生菜　30 克
❸ 生菜　　　30 克
❹ 黄豆芽　　55 克

做 法

❶ → ❷ → ❸ → ❹

黄豆芽一定要焯熟，半生不熟的黄豆芽容易导致腹泻。将食材依顺序放入梅森罐中即可。

炎炎夏日觉得莫名地疲倦 —— 一盘菠萝芒果香蕉沙拉绝对可以防止慵懒上身！

菠萝芒果香蕉沙拉

菠萝 + 芒果 + 青柠檬 + 香蕉 + 薄荷

菠萝削皮切块后，在淡盐水中浸泡 5~10 分钟。

用清水将薄荷冲洗干净，摘取顶端叶片部分。

将青柠檬切片后再对半切开，在罐子内侧靠边立起。

香蕉剥皮后切成大小均匀的块。

芒果去皮，将果肉切成均匀的小块。

改善症状

咳嗽	失眠
痰多	情绪紧张
疲劳	皮肤干燥
肥胖	视物模糊

BEAUTY & HEALTHY

菠萝富含菠萝蛋白酶，有助于人体对蛋白质的消化吸收，对于常吃肉类及油腻食品的人而言，最适合食用菠萝。新鲜的菠萝果肉中还含有丰富的果糖、葡萄糖、氨基酸、蛋白质、粗纤维、钙、磷、铁、胡萝卜素及多种维生素等营养物质，对人体极为有益。

材料

❶ 菠萝　　75 克
❷ 芒果　　70 克
❸ 青柠檬　6 片
❹ 香蕉　　1/2 根
❺ 薄荷　　少量

做法

❶ → ❷ → ❸ → ❹ → ❷ → ❸ → ❺

将食材依顺序放入梅森罐中，水果不宜久放，最好当天即食，或者放入冰箱冷藏。

芒果的香甜味与青柠檬的微酸味相互融合，使人获得清新舒适的口感。

芒果青柠生菜沙拉

芒果 + 生菜 + 青柠檬 + 胡萝卜

将青柠檬的表皮洗净，并切成 3~5 毫米的薄片。

洗净的生菜根部切丝、叶子切段，以先根后叶的顺序加入罐中。

将芒果去皮后切成小丁，放入仪器中搅打成泥。

用清水将胡萝卜洗净，去皮，切成细丝。

改善症状

腹胀	食欲缺乏
便秘	眼部疲劳
色斑	眼睛干涩
面色无光	肌肤干燥

BEAUTY & HEALTHY

生菜中富含维生素和微量元素，含水量也是蔬菜中的佼佼者，多吃生菜有助于皮肤补水。同时，生菜里含有较多未软化的纤维，能促进肠道蠕动，缓解因便秘引起的肤色蜡黄、色斑等肌肤问题。香甜的芒果不仅能在夏季消除疲乏，还有清肠胃的功效，对于容易晕车、晕船的人有一定的止吐作用。

材料

① 芒果　　　1/2 个
② 生菜　　　50 克
③ 青柠檬片　3 片
④ 胡萝卜　　20 克

做法

① → ② → ③ → ④

将食材依顺序放入梅森罐中即可。食用时将已打成泥的芒果均匀地与生菜、胡萝卜等搅拌在一起即可。

紫红色的浆果中含有抗氧化作用超强的花青素，酸甜的香芒和菠萝在夏日唤醒元气细胞。

桑葚树莓芒果沙拉

桑葚 + 树莓 + 芒果 + 菠萝

芒果去皮，将果
肉切成均匀的小
丁。

菠萝削皮切块后，在淡盐水
中浸泡 5~10 分钟。

桑葚用流动的水
冲洗后，再剪去
多余的枝叶。

用淡盐水将树莓浸泡约 10
分钟，再用清水冲洗干净。

改善症状

口臭	食欲缺乏
失眠	脂肪蓄积
贫血	感冒咳嗽
水肿	皮肤干燥

BEAUTY & HEALTHY

桑葚是含铁最丰富的水果，
每 100 克中含铁 42.5 毫克，
被誉为水果中的"补血果"。
另外，桑葚可缓解因肥胖导
致的便秘、失眠、口臭、虚
弱等，酸甜多汁的桑葚不仅
抗氧化能力超群，在补铁补
血上桑葚更是不可多得的调
理食材。

材料

1 桑葚　　18 个
2 树莓　　15 个
3 芒果　　25 克
4 菠萝　　50 克

做法

1 → 2 → 4 → 3 → 4 → 2
→ 1

将食材依顺序放入梅森罐中，最好当天即食，或
者放入冰箱冷藏，以保证口感新鲜。

香甜口感的哈密瓜和香蕉，甜中带酸的番石榴，组合成一道酸甜爽口的抗氧化鲜果沙拉。

蜜瓜番石榴鲜果沙拉

哈密瓜 + 番石榴 + 香蕉

番石榴去皮，切成小丁。

香蕉去皮，切成
厚度约 5 毫米的
香蕉片。

哈密瓜去皮，去籽，切成小丁。

改善症状

口臭	皮肤暗黄
燥热	肠胃不适
失眠	热病烦渴
中暑	身心疲倦

BEAUTY & HEALTHY

红心番石榴在我国台湾地区被叫做"红心芭乐"，含丰富的铁质、维生素、氨基酸等多种身体所需的营养成分。哈密瓜多汁香甜，能祛除燥热、预防中暑，而香蕉肉质软糯，其含有的色氨酸和维生素 B_6 能帮助大脑制造血清素，助人安眠好梦。这种酸甜水果组合，在炎热的夏日能带给人神清气爽的感觉。

材料

1 哈密瓜　　1/4 个
2 香蕉　　　1 根
3 番石榴　　1/2 个

做法

1 → 2 → 3 → 1

将食材依顺序放入梅森罐中，盖上盖子后放入冰箱冷藏，最好在 24 小时之内吃完。

微酸水果的味觉刺激，会让人从慵懒的夏乏时光中清醒过来，大量维生素成分让你拥有最坚固的抗氧化屏障。

黄金奇异果香蕉沙拉

黄金奇异果 + 百香果 + 番石榴 + 香蕉

番石榴去皮，切成小丁。

百香果清洗干净，对半切开，用勺子将果肉挖出，盛放在碗里备用。

香蕉去皮，切成厚度约5毫米的小片。

黄金奇异果去皮，对半切开，再切成小圆片。

改善症状

色斑	情绪低落
醉酒	肤色暗黑
腹泻	湿气重
中暑	困顿疲倦

BEAUTY & HEALTHY

黄金奇异果香甜多汁，富含维生素C和谷胱甘肽，能抑制黑色素的生成，淡化色斑，延缓肌肤老化。番石榴含高纤维，能帮助清理肠道，但便秘患者不宜多吃。百香果拥有人体所需的17种氨基酸，能排毒养颜。香蕉热量低，但饱腹感强，是减肥的首选。四种水果联手，打造出一道美容瘦身的水果沙拉。

材料

① 百香果   1 个
② 香蕉   1 根
③ 黄金奇异果   2 个
④ 番石榴   1/2 个

做法

① → ② → ③ → ④ → ② → ①

将食材依顺序放入梅森罐中，盖上盖子后放入冰箱冷藏，最好在 24 小时之内吃完。

黑番茄具有浓郁的水果香味，以及酸甜适度的口感，非常适合制作夏日鲜食沙拉。

黑番茄沙拉

黑番茄 + 桑葚 + 金橘

将黑番茄去蒂后对半切开（留2~3个不切），在罐子内侧靠边立起。

将金橘浸泡在淡盐水中 3~5 分钟，盐水能够起到杀菌的作用。然后对半切开。

桑葚用流动的清水冲洗后，剪去多余的枝叶。

改善症状

肥胖	咳嗽
头发无光	眼睛干涩
眼部疲劳	肝火旺盛
少年白发	消化不良

BEAUTY & HEALTHY

桑葚可以促进胃液分泌，刺激肠蠕动，同时可以帮助提高睡眠质量。黑番茄含有果胶，对治疗便秘具有辅助功效。鲜果汁进入人体消化系统后，使血液呈弱碱性，能保持体内的酸碱平衡，可把积存在细胞中的毒素溶解掉，有助于清除体内堆积的毒素和废物。

材料

❶ 黑番茄　　13 个

❷ 桑葚　　　18 个

❸ 金橘　　　6 个

做法

❶ → **❷** → **❸** → **❶** → **❷** → **❶**

将食材依顺序放入梅森罐中即可。事先将蔬果切开会更便于进食。

生菜补充叶绿素，番茄补充番茄红素，木瓜带来清甜滋味，是一道美味与营养兼具的果蔬沙拉。

木瓜杂蔬沙拉

木瓜 + 生菜 + 番茄

洗净的木瓜对半切开，去皮去籽，将果肉切成均匀的块。

生菜用清水洗净后，切成丝。

番茄在清水下稍作冲洗，摘掉顶部的蒂并切成小块和圆片。

改善症状

角质增多	色斑
皱纹	皮肤暗沉
水肿	神经衰弱
免疫力低	眼睛干涩

BEAUTY & HEALTHY

木瓜含有大量水分、碳水化合物、蛋白质、脂肪及多种人体必需的氨基酸，可以有效补充人体的养分，增强机体抵抗力。木瓜中丰富的 β－胡萝卜素是一种天然的抗氧化剂，能有效对抗破坏身体细胞、使人体加速衰老的自由基，有延缓衰老、美容养颜的功效。

材料

❶ 木瓜　　20 克
❷ 生菜　　30 克
❸ 番茄　　1 个

做法

❶ → ❷ → ❸ → ❷ → ❸

将食材依顺序放入梅森罐中，盖上盖子后放入冰箱冷藏，最好在 24 小时之内吃完。

想吃清凉甜品却又害怕户外的阳光而懒于出门？一道超简易水果沙拉，酸甜多汁，清新尽收眼底。让你在家吹着冷气吃着沙拉，慢悠悠地感受夏天。

菠萝番石榴清爽沙拉

菠萝 + 番石榴 + 香蕉

番石榴洗净去皮，切成小丁。

香蕉去皮，切成
厚度约 1 厘米的
圆片。

菠萝去皮后用淡盐水浸泡 30
分钟，切成厚度为 0.5~1 厘米
的小块。

改善症状

| 肥胖 | 消化不良 |

| 咳嗽 | 皮肤干燥 |

| 燥热 | 脂肪蓄积 |

| 咽喉肿痛 | 神经衰弱 |

BEAUTY & HEALTHY

菠萝中丰富的 B 族维生素给肌肤以能量，尤其是在干燥的季节能防止皮肤干裂，舒缓肌肉，让身体拥有轻松感。香蕉富含维生素及矿物质等多种能量元素，是忙碌生活中的能量补充剂。番石榴富含维生素和铁，能预防高血压，排毒促消化，调节生理功能，对糖尿病患者同样适合，但便秘患者不宜多吃。

材料

1 番石榴　　1/2 个
2 香蕉　　　1 根
3 菠萝　　　1/3 个

做法

1 → 2 → 1 → 3

将食材依顺序放入梅森罐中，盖上盖子后放入冰箱冷藏，最好在 24 小时之内吃完。

软糯的木瓜混合清爽的雪梨，用微酸的草莓调节口感，对肌肤及身体内部进行整体照顾。

雪梨木瓜蜜汁沙拉

雪梨 + 木瓜 + 菠萝 + 草莓 + 桂花

用清水将雪梨洗净，再用淡盐水浸泡约 5 分钟，再次冲洗后切成均匀的小块。

将鲜桂花直接晒干或烘干，或直接选购干桂花即可。

木瓜去皮去籽后，切成小块。

草莓用清水冲洗干净，摘掉顶部的蒂，切成小块。

菠萝削皮切块后，在淡盐水中浸泡约 10 分钟。

改善症状

脱发	咽喉干燥
痤疮	肝火旺盛
口腔溃疡	食欲缺乏
咳嗽	消化不良

BEAUTY & HEALTHY

梨的果肉中含有丰富的果浆、葡萄糖和苹果酸等有机物质，无论是生吃还是煮水，都能有效缓解咽喉干燥痛痒、烦渴潮热等症状，加入润肺止咳的蜂蜜长期饮用，可解烦闷，还能改善因饮食上火而引起的痤疮和口腔溃疡。晚上饮用，有减脂作用，能改善身形。

材料

1. 雪梨　　1/2 个
2. 木瓜　　1/2 个
3. 菠萝　　1/3 个
4. 草莓　　5 个
5. 桂花　　1~2 克
6. 蜂蜜　　2 汤匙

做法

1 → 2 → 3 → 4 → 2 → 5 → 6

将食材依顺序放入梅森罐中，盖上盖子后放入冰箱冷藏，最好在 24 小时之内吃完。

Chapter 3

优化体内环境
的杂蔬沙拉

脆嫩多汁的秋葵，搭配爽滑脆口的荷兰豆，对于帮助消化、促进新陈代谢有良好的功效。

秋葵芸豆杂蔬沙拉

花芸豆 + 秋葵 + 西蓝花 + 荷兰豆 + 红叶生菜 + 圆火腿 + 白芝麻 + 葡萄干

用清水浸泡红叶生菜将其洗净，切成5厘米的段。

西蓝花去硬梗，将其切成小块，用沸水汆烫。

花芸豆必须用沸水煮透煮熟，消除其毒性。

荷兰豆头尾去蒂后，在沸水中汆烫至热。

将圆火腿切薄片。

将洗净的秋葵切成长5毫米的小段，并用沸水汆烫。

改善症状

贫血	便秘
消化不良	皮肤干燥
头发枯黄	脂肪蓄积
神经衰弱	暑气过重

BEAUTY & HEALTHY

西蓝花中的矿物质成分比其他蔬菜更全面，钙、磷、铁、钾、锌、锰等含量很丰富；而秋葵中含有丰富的维生素C和可溶性膳食纤维，不仅对皮肤具有保健作用，而且能使皮肤美白、细嫩，二者搭配更能从根本上改善体质与肤质。

材料

❶	花芸豆	20克
❷	秋葵	5个
❸	荷兰豆	50克
❹	红叶生菜	45克
❺	圆火腿	30克
❻	西蓝花	15克
❼	葡萄干	3~5颗
❽	白芝麻	适量

做法

❶ → ❷ → ❸ → ❹ → ❻ → ❺ → ❼ → ❽

将食材依顺序放入梅森罐中，白芝麻与葡萄干起到点缀的作用，少量即可。

肝火过旺、皮肤粗糙者及经常失眠、头痛的人可适当多吃些芹菜。

生菜胡萝卜芹菜沙拉

芹菜 + 胡萝卜 + 生菜 + 哈密瓜 + 薄荷

用清水将薄荷冲洗干净，摘取顶端叶片部分。

哈密瓜切开去籽，用水果挖球工具在果肉处挖取哈密瓜球。

胡萝卜洗净，去皮后切成细丝。

用清水将芹菜洗净，去掉叶片，切成小段。

用清水将生菜浸泡洗净，切成5厘米的小段。

改善症状

失眠头痛	食欲缺乏
肝火过旺	皮肤粗糙
情绪烦躁	眼部疲劳
眼睛干涩	肌肤干裂

BEAUTY & HEALTHY

芹菜是高纤维食材，它经肠内消化作用产生木质素，这是一种很强的抗氧化剂。同时，芹菜含铁量较高，经常食用能避免皮肤苍白、干燥、面色无华，而且可使目光明亮有神，头发更加黑亮。香甜的哈密瓜与带有些许冰凉感的薄荷配合，清凉解暑，祛热气，在夏天食用非常适合。

材料

1. 芹菜　　60克
2. 胡萝卜　40克
3. 生菜　　30克
4. 哈密瓜　8球
5. 薄荷　　少许

做法

① → ② → ③ → ④ → ⑤

将食材依顺序放入梅森罐中即可。生吃蔬菜时拌上香浓软滑的花生酱或芝麻酱，既能盖住蔬菜的生涩感，又能补充营养。

炎热的夏季有时会导致面部
肌肤干燥缺水，此时最适合
食用莲藕，温润滋补，缓解
烦热干燥。

莲藕芦笋孢子甘蓝沙拉

黄豆芽 + 孢子甘蓝 + 莲藕 + 红叶生菜 + 芦笋

莲藕去皮，洗净切片，在开水中焯 2~3 分钟后，沥水冷却。

将孢子甘蓝放在沸水中，加入少量盐焯 3~5 分钟。

将芦笋洗净，切成长 8~10 厘米的段，用微波炉小功率热熟。

黄豆芽去尾端切平整，放到沸水中焯至 3~4 分熟。

用清水浸泡洗净，切成 5 厘米的段。

改善症状

皱纹	肌肤红血丝
痤疮	肝火旺盛
肌肤干燥	肤色暗沉
情绪低落	视物模糊

BEAUTY & HEALTHY

莲藕有清热除燥的作用，特别适合缓解因血热导致的皮肤红血丝或者痤疮问题。新鲜芦笋富含蛋白质、多种维生素和钙、磷等矿物质，具有较高的营养价值。在春夏之交，天气转热时，很多女性都想快速减掉冬天堆积的脂肪。这时候，口味清爽解腻的芦笋就成为了减肥沙拉中的好食材。

材料

❶ 黄豆芽　　60 克
❷ 莲藕　　　70 克
❸ 红叶生菜　30 克
❹ 芦笋　　　15 克
❺ 孢子甘蓝　10 个

做法

❶ → ❺ → ❷ → ❸ → ❹ → ❶ → ❷

将食材依顺序放入梅森罐中即可。芦笋中的叶酸很容易被破坏，所以若用来补充叶酸，应避免高温烹煮。

果蔬杂烩千岛酱沙拉

千岛酱 + 生菜 + 甜玉米粒 + 越南青柠檬 + 芝士 + 圆火腿 + 番茄

将圆火腿切成薄片，一片即可。
番茄切成薄片

生菜用清水洗净后，
将其切成丝。

芝士切片，或选
择片装芝士，铺
在下面。

将越南青柠浸泡在淡
盐水中 3~5 分钟，冲
净后对半切开。

玉米剥粒，用糖
水将其煮熟，或
直接选择甜玉米
粒罐头即可。

改善症状

痤疮	腹泻
过敏	皮肤泛红
肝火过旺	皮肤干燥
缺钙	食欲缺乏

BEAUTY & HEALTHY

热性体质的人肝火旺，十分
容易出现痤疮、粉刺等肌肤
问题。柠檬可以帮助肌肤控
油抗痘，而生菜是一种可以
舒缓肌肤的蔬菜，有助于预
防和减少青春痘的滋生。两
者混合，不仅适用于预防各
种痤疮的产生，也能在夏天
对皮肤起到抗菌消炎、抗敏
舒缓的作用。

材料

1 生菜　　　　 35 克
2 甜玉米粒　　 40 克
3 越南青柠檬　 5 个
4 芝士　　　　 1 片
5 圆火腿　　　 1 片
6 千岛酱　　　 适量
7 番茄　　　　 2~4 片

做法

6 → 1 → 2 → 3 → 1 → 2
→ 1 → 4 → 5 → 7

将食材依顺序放入梅森罐中，食用时可挤
入少量番茄汁调味。

五色杂蔬清甜，玉米软糯，略带酸辣的蕨菜调味，用健康的食材满足食欲的同时，还身体一阵轻松。

蕨菜玉米五色杂蔬沙拉

蕨菜 + 绿豆苗 + 玉米 + 紫甘蓝 + 番茄 + 胡萝卜

用清水洗净番茄，去蒂，对半切开，再切成厚度约5毫米的圆片。

绿豆苗洗净，放入沸水中烫煮约2分钟，捞出沥干水分备用。

去超市购买可直接食用的蕨菜备用。

胡萝卜刷洗干净，去皮，切成宽度为5毫米的细丝。

去掉玉米外皮，清洗干净，剥出玉米粒，放入开水中烫煮约5分钟，取出放冷备用。

紫甘蓝洗净，切成宽度为5毫米的细条。

改善症状

便秘	劳累疲倦
肥胖	血脂偏高
多痰	口腔炎症
湿疹	皮肤瘙痒

BEAUTY & HEALTHY

蕨菜嫩叶含胡萝卜素、维生素、粗纤维等，纤维素能促进肠道蠕动，减少肠胃对脂肪的吸收，利于瘦身。胡萝卜等黄色蔬菜富含维生素E，能减少皮肤色斑，延缓衰老。多吃蔬菜的同时也别忘了吃杂粮，玉米含有"全能营养"，适合各年龄层人食用，含有的B族维生素能调节神经，是适合白领的"减压食物"。

材料

1 胡萝卜　　1/3 根
2 绿豆苗　　60 克
3 紫甘蓝　　60 克
4 玉米　　　1/2 根
5 番茄　　　1/2 个
6 蕨菜　　　30 克

做法

1 → 2 → 3 → 4 → 5 → 2 → 6

将食材依顺序放入梅森罐中，盖上盖子后放入冰箱冷藏，最好在24小时之内吃完。

充满美式风味的豆子沙
拉，简简单单就能摄取
蛋白质，并且带有充足
的饱腹感。

三豆番茄生菜沙拉

生菜 + 青豆 + 黑番茄 + 黄豆 + 甜豆

用凉水将黄豆泡发，约 4 小时以上，泡发后用沸水煮熟。

甜豆去茎，用沸水焯 20~30 秒钟后捞出，过凉水后控干水分，切小段。

用清水浸泡洗净，切成 5 厘米的段。

锅中烧开淡盐水，倒入青豆，余至水再次沸腾即可。

在清水下冲洗，摘掉顶部的蒂，对半切开。

改善症状

失眠	皮肤松弛
肥胖	免疫力低
便秘	神经衰弱
胆固醇高	产后少乳

BEAUTY & HEALTHY

黑番茄糖分含量高，具有浓郁的水果香味，以及酸甜适度的口感，特别适合鲜食。它含有比红番茄约高 10 倍左右的抗氧化剂，有利于美白肌肤、减肥瘦身。三种豆类含有高蛋白，而所含丰富的大豆异黄酮具有雌激素作用，能延缓女性细胞衰老，使皮肤保持弹性。

材料

1 生菜　　40 克
2 青豆　　80 克
3 黑番茄　7~8 个
4 黄豆　　80 克
5 甜豆　　5~7 根

做法

1 → 2 → 3 → 1 → 4 → 5 → 3 → 1

将食材依顺序放入梅森罐中即可。可根据个人口味加入适量千岛酱食用。

用中式原料、西式做
出的这道颜色丰富、清新
适口的田园沙拉，为一天
的饮食增添了不少惊喜。

黄金玉米田园沙拉

胡萝卜 + 甜玉米粒 + 生菜 + 红甜椒 + 苦菊

玉米剥粒，用糖水将玉米灼熟，或直接选择甜玉米粒罐头即可。

红甜椒去籽洗净后，切成边长 2~3 厘米的小块。

用清水将苦菊洗净，取叶片部分切成 5 厘米的段状。

用清水将胡萝卜洗净，去皮，切成细丝。

用清水将生菜浸泡 3 分钟，将其洗净，切成宽 1 厘米的丝。

改善症状

便秘	水肿性肥胖
体寒	口腔溃疡
毒素沉积	眼睛干涩
皮肤干裂	发质干枯

BEAUTY & HEALTHY

质脆味美的胡萝卜是苦菊的最佳拍档，苦菊中丰富的胡萝卜素在人体内转化为维生素 A，再加上胡萝卜原本就拥有的维生素 A，这两种营养素能够促进胶原细胞的合成，让皮肤水嫩光滑，不干裂。重点是能较好地解决"喝水都会发胖"的水肿性肥胖问题，无疑是女性最需要的营养元素。

材料

- ① 胡萝卜　　110 克
- ② 甜玉米粒　150 克
- ③ 生菜　　　70 克
- ④ 红甜椒　　80 克
- ⑤ 苦菊　　　3~5 克

做法

① → ② → ③ → ④ → ③ → ⑤

将食材依顺序放入梅森罐中，新鲜的苦菊放在最上方，能够让叶片不被挤压，保持脆嫩口感。

清脆的瓜蔬带来丰富的维生素，加上微甜的蓝莓和菠萝，是一道绝好的抗氧化沙拉。

紫甘蓝杂蔬沙拉

蓝莓 + 黄瓜 + 菠萝 + 紫甘蓝

将紫甘蓝冲洗干净，切成宽度为 5 毫米的细条。

先把黄瓜切成条，再切成边长约 1 厘米的小丁。

菠萝去皮后用淡盐水浸泡 30 分钟，切成厚度约 1 厘米的小块。

用清水浸泡蓝莓约 10 分钟，表面的白霜是营养价值所在，不必去除。

改善症状

便秘	食欲缺乏
肥胖	肠胃胀气
色斑	皮肤暗沉
口臭	困顿疲劳

BEAUTY & HEALTHY

蓝莓和紫甘蓝（紫色蔬果）含有丰富的花青素，具有超强的抗氧化能力，能联手对抗存在于血液以及皮肤中的自由基，延缓身体衰老。单纯补充花青素是不够的，黄色和绿色蔬果中的维生素 C 是花青素的绝妙搭档，也要保证有足够的摄入量。

材料

❶ 蓝莓　　20 颗
❷ 黄瓜　　1/3 根
❸ 菠萝　　1/4 个
❹ 紫甘蓝　60g

做法

❶ → ❷ → ❸ → ❹

将食材依顺序放入梅森罐中，盖上盖子后放入冰箱冷藏，最好在 24 小时之内吃完。

西蓝花火龙果甘蓝沙拉

紫甘蓝 + 西蓝花 + 红叶生菜 + 红心火龙果

红叶生菜用清水浸泡后，将其洗净，切成 5 厘米的段。

火龙果去皮，取其果肉切成长方块。

紫甘蓝洗净，切丝。

西蓝花去硬梗，并将其切成小块，用沸水氽烫。

改善症状

肥胖	面色暗沉
便秘	皮肤粗糙
腹胀	胆固醇高
食欲缺乏	肝火旺盛

BEAUTY & HEALTHY

火龙果中含有的植物性白蛋白能与人体内的重金属离子结合而起到解毒的作用。习惯化妆或长时间带妆的女性，平时多吃火龙果可以预防化妆品中的铅汞等沉积于体内。富含花青素的紫甘蓝抗氧化效果超强。西蓝花拥有丰富的维生素 C，能提高人体免疫力，促进肝脏解毒，增强体质。

材料

❶ 紫甘蓝　　　45 克
❷ 西蓝花　　　30 克
❸ 红叶生菜　　30 克
❹ 红心火龙果　60 克

做法

❶ → ❷ → ❸ → ❹

将食材依顺序放入梅森罐中即可。若觉得紫甘蓝生吃太硬，也以先把紫甘蓝放入沸水中焯过再食用。

脆嫩可口的豆芽与同样口感滑嫩的金针菇搭配，不仅味道鲜美，而且营养丰富，是一道清爽可口的沙拉。

生菜豆芽金针菇沙拉

红叶生菜 + 黄豆芽 + 金针菇

红叶生菜用清水浸泡后将其洗净，切成 5 厘米的段。

豆芽去尾端切平整，放到沸水中焯至 3~4 分熟。

金针菇去根，用沸水汆 20~30 秒钟后捞出，过凉水后控水备用。

改善症状

腹胀	胆固醇高
便秘	食欲缺乏
肥胖	脂肪堆积
坏血病	口腔溃疡

BEAUTY & HEALTHY

金针菇具有低热量、高蛋白、低脂肪的营养特点。它还含有多种氨基酸及维生素，尤其是赖氨酸的含量特别高，对于需要大量用脑的上班族来说无疑是天然的补脑佳品。黄豆芽富含蛋白质，热量低，水和纤维素的比例很高，常吃豆芽有利于减肥与改善便秘。

材料

1. 红叶生菜　　55 克
2. 金针菇　　　30 克
3. 黄豆芽　　　70 克

做法

1 → 3 → 1 → 2 → 3

将食材依顺序放入梅森罐中，盖上盖子后放入冰箱冷藏，最好在 24 小时之内吃完。

酸和甜的相遇，让味蕾感觉清爽畅快。

玉米生菜番茄沙拉

甜玉米粒 + 生菜 + 番茄

生菜用清水浸泡后洗净，切成 5
厘米的段。

番茄在清水下冲洗
干净，摘掉顶部的
蒂，切成小块。

玉米剥粒，用糖水煮熟，
或直接选用甜玉米粒罐头
即可。

改善症状

腹泻	胆固醇高
水肿	神经衰弱
便秘	脂肪蓄积
失眠	口腔炎症

BEAUTY & HEALTHY

玉米中蕴含的谷胱甘肽对皮
肤美白抗衰老起着重要作
用，谷胱甘肽在硒的帮助
下，生成谷胱甘肽氧化酶，
具有抗氧化、延缓衰老的功
效。生菜富含水分，生食清
脆爽口，具有的膳食纤维和
维生素C有消除多余脂肪的
作用。

材料

1 甜玉米粒　　120 克
2 生菜　　　　40 克
3 番茄　　　　1~2 个

做法

1 → 2 → 1 → 3 → 2

将食材依顺序放入梅森罐中，也可以事先将
调味酱装入罐中。

色形交错的双色沙拉，看似简单味道清淡，却拥有满满的健康必备元素。

莴苣胡萝卜双色沙拉

胡萝卜 + 西芹 + 番茄 + 莴苣

用清水洗净番茄，去蒂，切成可一口食用的大小。

西芹洗净后去掉过老的纤维，切成小段，简单焯水。

莴苣去皮洗净，切成约 3 毫米宽的细丝。

胡萝卜刷洗干净，去皮，切成约 5 毫米宽的细丝。

改善症状

便秘	小便不利
色斑	消化不良
腹胀	血压偏高
咳嗽	眩晕头痛

BEAUTY & HEALTHY

因为含有挥发油，胡萝卜自带芳香气味，莴苣味道清新，略带些许苦味，刺激消化酶分泌，两者都能很好地促进消化。同时，胡萝卜里的大量胡萝卜素对清肝明目有益处。番茄中含有谷胱甘肽，能延缓细胞衰老，抑制络氨酸酶的活性，让肌肤保持白皙。西芹含铁补血，使脸色红润气色好，是一道适合爱美女性的美味沙拉。

材料

1 胡萝卜　　1/2 根
2 西芹　　　1/2 根
3 番茄　　　1 个
4 莴苣　　　1/3 根

做法

1 → 2 → 3 → 4 → 1 → 2 → 4 → 3

将食材依顺序放入梅森罐中，盖上盖子后放入冰箱冷藏，最好在 24 小时之内吃完。

黑番茄的鲜味与黄瓜、苦菊的清爽香味结合，让不爱吃蔬菜的人也忍不住大快朵颐。

南美黑番茄沙拉

红甜椒 + 芒果 + 黄瓜 + 苦菊 + 黑番茄

黄瓜用清水洗净后，切成均匀的细丝。

红甜椒去籽洗净后，切成均匀的细丝。

将芒果去皮后，切成均匀的丝。

黑番茄用清水洗净，部分摘掉顶部的蒂后对半切开。

用清水将苦菊洗净，切成 5 厘米的段。

改善症状

皱纹	肥胖
体寒	湿气重
暑气过重	肤色暗沉
皮肤晒伤	口腔溃疡

BEAUTY & HEALTHY

据营养学家测定：每人每天食用 50~100 克鲜番茄，即可满足人体对维生素和矿物质的需求。黑番茄中含有的番茄红素有抗菌的作用，能预防痤疮。黑番茄中丰富的抗氧化成分可以防止自由基对皮肤的破坏，具有明显的美容抗皱功效。

材料

1 红甜椒　50克
2 芒果　　30克
3 黄瓜　　30克
4 苦菊　　25克
5 黑番茄　10个

做法

1 → 2 → 3 → 4 → 5

将食材依顺序放入梅森罐中，盖上盖子后放入冰箱冷藏，最好在 24 小时之内吃完。

西蓝花质地柔嫩，纤维少，水分多，风味比菜花更鲜美，是绝佳的沙拉食材。

紫甘蓝西蓝花蓝莓沙拉

西蓝花 + 紫甘蓝 + 青柠檬 + 蓝莓

西蓝花去硬梗，切成小块，用沸水氽烫。

用清水浸泡蓝莓约 10 分钟，表面的白霜是营养价值所在，不必去除。

紫甘蓝洗净，切丝，根据个人口味可加入适量盐和糖稍作腌制。

将青柠檬切片后再对半切开，在罐子内侧靠边立起。

改善症状

肥胖 皮肤干燥

皮肤暗沉 情绪低落

肝火旺盛 视物模糊

血脂偏高 暑气过重

BEAUTY & HEALTHY

每次运动后都会大量排汗，人体内的微量元素也会严重流失，而进食西蓝花能及时补充这些微量元素，是运动健身后绝佳的饮食辅助。另外，西蓝花中含有生物活性元素，可以减少形成黑色素的酶及阻止皮肤色素斑的形成，经常食用可健脾开胃，对肌肤有很好的美白功效。

材料

① 西蓝花　　100 克
② 紫甘蓝　　110 克
③ 青柠檬　　5 片
④ 蓝莓　　　50 克

做法

① → ② → ③ → ① → ② → ③ → ④

将食材依顺序放入梅森罐中即可。西蓝花要及时食用，放置过久的西蓝花营养成分会大大减少。

营养健康的
轻莹沙拉

孢子甘蓝中小叶球蛋白质的含量很高，搭配低脂肪、低热量的金枪鱼肉，是现代女性纤体瘦身的理想选择。

孢子甘蓝金枪鱼沙拉

孢子甘蓝 + 金枪鱼 + 甜玉米粒 + 黄甜椒 + 青豆 + 欧芹 + 柠檬

黄甜椒去籽洗净后，切成边长2~3厘米的小块。

将欧芹过水洗净，剪成小株备用。

在锅内将水烧开，加少许油将青豆余烫一下后捞出。

将孢子甘蓝放在沸水中，加入少量盐焯3~5分钟。

玉米剥粒，用糖水煮熟，或直接选用甜玉米粒罐头即可。

在选择金枪鱼罐头时，油浸金枪鱼比水浸金枪鱼更有味道。

将柠檬的表皮洗净，切成厚3~5毫米的片。

改善症状

便秘	食欲缺乏
肥胖	湿热体质
毒素沉积	皮肤松弛
贫血	肤色暗沉

BEAUTY & HEALTHY

金枪鱼所含氨基酸齐全，能及时排除身体在激烈运动以后体内的代谢产物，建议安排在运动后食用，既可补充能量，又不会让身体产生额外负担。孢子甘蓝中含有多种基本维生素，有助于提升人体免疫力，降低疾病感染的概率，保护细胞不被氧化破坏，达到抗衰老的目的。

材料

❶ 孢子甘蓝　17~18 个
❷ 金枪鱼　　90 克
❸ 甜玉米粒　150 克
❹ 欧芹　　　5 克
❺ 柠檬　　　5 片
❻ 黄甜椒　　1/4 个
❼ 青豆　　　20 克

做法

❶ → ❸ → ❷ → ❶ → ❻ → ❼ → ❹ → ❺

将食材依顺序放入梅森罐中，柠檬片挤汁搅拌均匀即可。

甘蓝青豆培根卷沙拉

紫甘蓝 + 青豆 + 红叶生菜 + 西蓝花 + 培根 + 芦笋

用清水浸泡将其洗净，切成5厘米的段。

将芦笋洗净，切成8~10厘米的段，焯水后再放入冷水中降温。

西蓝花去硬梗，切成小块，用沸水汆烫。

在锅内将水烧开，加少许油将青豆余烫一下后捞出。

将紫甘蓝洗净，切丝，根据个人口味可加入适量盐和糖稍作腌制。

选择两段芦笋，用培根将其卷起，封口处用牙签固定。

改善症状

肥胖	腹胀
皮肤瘙痒	情绪低落
食欲缺乏	肝火旺盛
皮肤干燥	眼睛干涩

BEAUTY & HEALTHY

在世界各地的名模食谱中，紫甘蓝总是一道不可或缺的蔬菜。对于减肥瘦身人士而言，紫甘蓝的功效是毋庸置疑的，每 100 克紫甘蓝只含有 0.025 千卡的热量，并且所含的糖分也很低，因此能够稳定血糖，而食用紫甘蓝后所产生的饱腹感，则能达到饮食纤体的目的。

材料

❶ 紫甘蓝　　70 克
❷ 青豆　　　20 克
❸ 红叶生菜　25 克
❹ 西蓝花　　10 克
❺ 培根　　　2 片
❻ 芦笋　　　2 条

做法

❶ → ❷ → ❸ → ❹ → ❸ → ❺ → ❻

将食材依顺序放入梅森罐中，将芦笋用培根卷起，放在沙拉的最上层，风味更加独特。

细腻鲜美的沙丁鱼搭配酸甜清香的芒果，醇香的水果气息让人回味无穷。

芒果青柠沙丁鱼沙拉

沙丁鱼 + 生菜 + 芒果 + 红叶生菜 + 青柠

从沙丁鱼罐头中取出沙丁鱼，用叉子把鱼肉捣散。

将柠檬的表皮洗净，切成厚度为 3~5 毫米的薄片。

生菜用清水洗净后，将其切成丝。

将红叶生菜浸泡在清水中洗净，切成 5 厘米的段。

芒果去皮，切成均匀的小丁。

改善症状

痰多	皮肤干燥
咳嗽	胆固醇高
便秘	情绪焦躁
缺钙	食欲缺乏

BEAUTY & HEALTHY

芒果富含锌、铜等微量元素，能清除自由基，抗氧化。青柠微酸，刺激食欲，消除油腻感。沙丁鱼富含钙质，强壮骨骼，丰富的磷脂、DHA等基本脂肪酸能帮助血液循环，有利于身体健康。

材料

❶	沙丁鱼	100 克
❷	生菜	55 克
❸	红叶生菜	30 克
❹	芒果	1/2 个
❺	青柠	3 片

做法

❶ → ❷ → ❹ → ❷ → ❸ → ❺

将食材依顺序放入梅森罐中，盖上盖子后放入冰箱冷藏，肉类不宜久放，最好在 24 小时之内吃完。

鳗鱼中丰富的蛋白质、维生素、矿物质，对于强健体质、增强活力以及滋补养颜极有帮助。

青椒洋葱鳗鱼沙拉

甜玉米粒 + 洋葱 + 青椒 + 红叶生菜 + 鳗鱼 + 青柠

将玉米剥粒，用糖水将玉米煮熟，或直接选用甜玉米粒罐头即可。

红叶生菜用清水浸泡后洗净，切成5厘米的段。

青椒洗净，去籽，切成边长为2厘米的丁。

剥去洋葱外层的皮，切出洋葱圈后再切半。

根据个人口味，将青柠切片后，将柠檬汁挤入罐中调味。

鳗鱼治净后用小火煸炒至香透，或直接选用鳗鱼罐头即可。

改善症状

体质虚弱	消化不良
贫血	食欲缺乏
缺钙	瞌睡困乏
体寒	皮肤敏感

BEAUTY & HEALTHY

洋葱富含丰富的硒元素，硒是一种抗氧化剂，能消除体内的自由基，增强细胞的活力和代谢能力，具有超强抗氧化能力。在补充抗氧化物质的同时，借助鳗鱼补充胶原蛋白，促进皮肤组织的新陈代谢，对皮肤产生良好的滋润保湿、消皱美容作用。

材料

❶ 甜玉米粒	150 克
❷ 洋葱	25 克
❸ 青椒	35 克
❹ 红叶生菜	30 克
❺ 鳗鱼	2 片
❻ 青柠	1/2 个

做法

❶ → ❷ → ❸ → ❹ → ❺ → ❻

将食材依顺序放入梅森罐中，最后将青柠片挤汁搅拌均匀即可。

芒果是最受欢迎的热带水果，当你在空气中嗅到芒果的异香时，便预示着热情的夏天就要到来了。

芒果蟹子沙拉

黄瓜 + 芒果 + 苦菊 + 蟹子 + 青柠

用清水将苦菊叶洗净，切成 5 厘米的段。

芒果去皮，将果肉切成均匀的一条。

选择即食蟹子酱。

苦菊梗洗净切丝。

根据个人口味，将适量青柠汁挤入罐中调味。

黄瓜洗净，切成均匀的细丝。

改善症状

肥胖	腰膝酸软
脚气	皮肤粗糙
晕车	焦躁不安
眼睛酸痛	头发无光

BEAUTY & HEALTHY

蟹子是一种营养丰富的食物，特别是其蛋白质、钙、磷等物质的含量都特别丰富。现实生活中有很多女性都非常喜欢玩手机、玩电脑，因此年纪轻轻的就有可能会患上各种眼疾，而蟹子中含有丰富的维生素 A；可以很好地预防长时间玩电脑引起的眼睛酸痛。

材料

1. 黄瓜　　45 克
2. 芒果　　30 克
3. 苦菊　　15 克
4. 蟹子　　2 汤匙
5. 青柠　　1 片

做法

1 → 2 → 3 → 4 → 5 → 3

将食材依顺序放入梅森罐中，盖上盖子后放入冰箱冷藏，可搭配千岛酱一起食用。

芦蒿具有清凉、平抑肝火、预防喉痛、牙病等功效，是一种典型的保健蔬菜。

柠檬火腿芦蒿沙拉

柠檬 + 生菜 + 火腿 + 芦蒿

生菜用清水浸泡洗净，切成细丝。

将柠檬片放入罐子底部，靠边立起。

将芦蒿去杂洗净，入沸水锅氽烫，捞出沥干水，切成如手指一样长的段。

先将火腿切成薄片，再切成丝。

改善症状

水肿	胃气虚弱
咳嗽	肝火旺盛
痰多	喉咙干燥
体寒	食欲缺乏

BEAUTY & HEALTHY

鲜嫩的芦蒿茎叶气味清香，脆嫩可口，富含高蛋白的同时脂肪含量却非常低。不仅如此，芦蒿中含有一种芳香油，因此具有独特风味，在沙拉中与火腿一起搅拌食用，可以消除肉类中的油腻感，是一道既保健又美味的沙拉。

材料

❶ 黄柠檬片　4 片

❷ 绿柠檬片　3 片

❸ 生菜　　　40 克

❹ 火腿　　　3 片

❺ 芦蒿　　　40 克

做法

❶ → ❷ → ❸ → ❹ → ❺ → ❶ → ❷

将食材依顺序放入梅森罐中，根据个人口味挤出适量柠檬汁提味即可。

黄瓜的香气让鳗鱼更显鲜香口感，搭配低脂肪、低热量的甜豆，是纤体瘦身的理想选择。

苦菊甜豆鳗鱼沙拉

苦菊 + 甜豆 + 黄甜椒 + 黄瓜 + 鳗鱼 + 酸黄瓜

黄甜椒去籽洗净后，切成边长2~3厘米的丁。

若自制酸黄瓜，需要腌制较长时间，可以选择市面上售卖的酸黄瓜罐头。

用清水将苦菊洗净，切成5厘米的段。

黄瓜用清水洗净后，将其切成4~5厘米的段。

鳗鱼洗净后用小火煸炒至香透，或直接选用鳗鱼罐头即可。

甜豆去茎，用沸水焯20~30秒钟后捞出，过凉水后控干水分，切段备用。

改善症状

打嗝	食欲缺乏
腹胀	牙龈出血
体寒	发根易断
湿气重	皮肤粗糙

BEAUTY & HEALTHY

甜豆的营养价值很高，这些包含能量的豆荚中有宝贵的纤维素，不仅能让你有饱腹感，而且还含有丰富的比大豆蛋白还容易消化的蛋白质，热量却比其他豆类低，是非常理想的瘦身辅助食材。

材料

❶ 苦菊	20 克
❷ 甜豆	5 条
❸ 黄甜椒	30 克
❹ 黄瓜	25 克
❺ 鳗鱼	20 克
❻ 酸黄瓜	少许

做法

❶ → ❷ → ❸ → ❶ → ❹ → ❺ → ❻

将食材依顺序放入梅森罐中，盖上盖子后放入冰箱冷藏，最好在24小时之内吃完。

沙丁鱼肉低脂肪、低热量，拥有优质的蛋白质，搭配黄甜椒和孢子甘蓝，是一道高营养的沙拉。

孢子甘蓝沙丁鱼沙拉

沙丁鱼 + 孢子甘蓝 + 黄甜椒 + 薄荷

将孢子甘蓝放在已加入少量盐的沸水中焯 3~7 分钟，捞起后沥去余水，对半切开，备用。

选择沙丁鱼罐头即可。

用清水将薄荷冲洗干净，摘取顶端叶片部分。

黄甜椒洗净，去除甜椒籽，切成边长 2 厘米的丁。

改善症状

贫血	牙龈发炎
缺钙	胆固醇高
口臭	视物模糊
便秘	免疫力低

BEAUTY & HEALTHY

沙丁鱼中含有丰富的 DHA、EPA、牛黄酸，能减少血液中的脂肪，利于肝细胞再生。用沙丁鱼来做沙拉，食用后不但可以保持苗条的身材，还可以平衡身体所需要的营养，是现代女性轻松减肥的理想选择。黄甜椒与孢子甘蓝里有丰富的维生素和植物性纤维素，能清理肠胃，保证膳食均衡。清新的薄荷还能改善口臭等问题。

材料

❶ 沙丁鱼　　　　100 克
❷ 孢子甘蓝　　　18~20 个
❸ 黄甜椒　　　　1/4 个
❹ 薄荷　　　　　少许

做法

❶ → ❷ → ❸ → ❷ → ❹

将食材依顺序放入梅森罐中，薄荷只是起到提味的作用，不需要多放。

甜椒玉米牛肉沙拉

番茄牛肉酱 + 甜玉米粒 + 红甜椒 + 土豆 + 黄甜椒

黄甜椒去籽洗净后，切成边长 2~3 厘米的丁。

牛肉与番茄分别切成小块，并加油、盐炖至泥状。

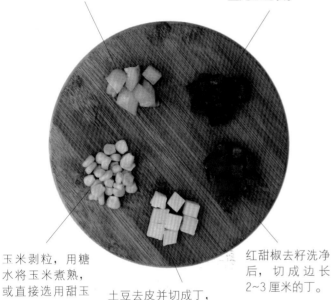

玉米剥粒，用糖水将玉米煮熟，或直接选用甜玉米粒罐头即可。

土豆去皮并切成丁，再用沸水将其余熟。

红甜椒去籽洗净后，切成边长 2~3 厘米的丁。

改善症状

疲劳	肤色暗黄
色斑	气短体虚
贫血	筋骨酸软
便秘	水肿性肥胖

BEAUTY & HEALTHY

土豆含有丰富的维生素及钙、钾等微量元素，且易于消化吸收，营养丰富。牛肉富含肌氨酸，脂肪含量很低，增加能量的同时并不会导致肥胖。红、黄彩色甜椒拥有丰富维生素 C 和 β–胡萝卜素，可改善色斑问题，还有消暑、补血、消除疲劳、预防感冒和促进血液循环等功效。

材料

❶ 番茄牛肉酱		160 克
❷ 甜玉米粒		150 克
❸ 红甜椒		65 克
❹ 黄甜椒		65 克
❺ 土豆		50 克

做法

❶ → ❷ → ❸ → ❺ → ❹ → ❷ → ❶

将食材依顺序放入梅森罐中，最后放上薄荷点缀。盖上盖子后放入冰箱冷藏，最好在 24 小时之内吃完。

蟹味菇质地脆嫩，味道鲜美，在沙拉中既中和了火腿带来的热量，又提升了整体口感。

蟹味菇火腿鳗鱼沙拉

蟹味菇 + 火腿 + 金针菇 + 红叶生菜 + 迷迭香 + 鳗鱼

先将火腿切成薄片，再将部分火腿片切成丝。

用清水浸泡后将其洗净，撕成大片。

金针菇去根撕碎，用沸水汆 20~30 秒钟后捞出，过凉水后控水备用。

锅中烧开淡盐水，倒入蟹味菇，汆至水再次沸腾即可。

鳗鱼洗净后用小火煸炒至香透，或直接选用鳗鱼罐头即可。

迷迭香用清水洗净，摘取顶端部分，用火腿片裹住，再用牙签固定好

改善症状

咳嗽	情绪焦躁
痰多	免疫力低
便秘	胆固醇高
体寒	食欲缺乏

BEAUTY & HEALTHY

蟹味菇所含的生物活性物质能够促进抗氧化成分的形成，在有效增白皮肤、消除色斑和痘印的同时，还能增强皮肤的抗衰老能力。鳗鱼的皮、肉中都含有丰富的胶原蛋白，有助于保持皮肤弹性。对白领一类的脑力劳动者而言，鳗鱼富含"脑黄金" —— DHA 及 EPA，可以及时补充大脑营养。

材料

❶	蟹味菇	70 克
❷	火腿	2~3 片
❸	金针菇	25 克
❹	红叶生菜	10 克
❺	迷迭香	3 克
❻	鳗鱼	2 片

做法

❶ → ❷ → ❸ → ❶ → ❹ → ❷ → ❺ → ❻

将食材依顺序放入梅森罐中即可。肉类不宜久放，需冷藏保存，最好在 24 小时之内吃完。

双笋火腿甜椒沙拉

芦笋 + 火腿 + 黄甜椒 + 苦菊 + 竹笋

黄甜椒去籽洗净后，将其切成均匀的丁。

用清水将苦菊洗净，取叶片部分切成 5 厘米的段。

将竹笋洗净，切成 8~10 厘米的段，焯水后再放入冷水中降温。

将火腿切成 1 厘米厚的薄片后，再切成丁（留 2 片不切）。

把切好的芦笋条倒入沸水中汆煮至断生，捞出后迅速过凉白开，控干水备用。

改善症状

肥胖	口干舌燥
宿醉	消化不良
便秘	压力过大
水肿	暑气重

BEAUTY & HEALTHY

竹笋不但滋味清新，而且含有丰富的酪氨酸，对于辅助消除现代人高压工作下产生的疲劳感和压抑状态有一定的功效，补充女性元气；配合富含膳食纤维的芦笋一起食用，能起到辅助女性纤体塑形的作用，是春末夏初之时最好的应季食材。

材料

❶	芦笋	35 克
❷	火腿	40 克
❸	黄甜椒	15~20 克
❹	苦菊	10 克
❺	竹笋	50 克

做 法

❶ → ❷ → ❶ → ❸ → ❷ → ❹ → ❺ → ❷

将食材依顺序放入梅森罐中，盖上盖子后放入冰箱冷藏，最好在 24 小时之内吃完。

爽滑脆口的海蜇与鲜嫩饱满的蟹子带来丰富的胶原蛋白，加上同样爽口的黄瓜与芹菜，是一道绝妙的夏季美容佳肴。

海蜇蟹子鲜蔬沙拉

黄瓜 + 海蜇丝 + 蟹子 + 芹菜

用清水将芹菜洗净，去除叶子并撕掉老筋，切成小段。

黄瓜用清水洗净后，切成均匀的细丝。

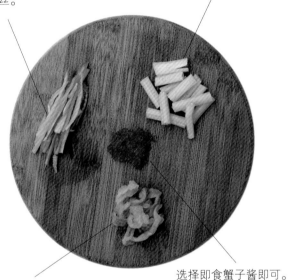

海蜇丝可事先用白醋、香油来腌制，也可以选择即食海蜇丝。

选择即食蟹子酱即可。

改善症状

失眠	心火旺盛
头痛	口干痰多
腹胀	面色泛红
食欲缺乏	皮肤干燥

BEAUTY & HEALTHY

芹菜是高纤维食物，它经肠内消化作用后能产生一种木质素或肠内脂的物质，这类物质是一种抗氧化剂，常吃芹菜，可以有效地帮助皮肤延缓衰老，达到美白护肤的目的。不过，芹菜属于感光性植物，所以吃芹菜后要注意做好防晒措施。

材料

❶	黄瓜	40克
❷	海蜇丝	40克
❸	蟹子	8匙
❹	芹菜	10克

做法

❶ → ❷ → ❸ → ❶ → ❷ → ❸ → ❹

将食材依顺序放入梅森罐中，在尽可能短的时间内食用完，或储存在冰箱中，以防海蜇变质而不能食用。

青豆竹笋蟹子沙拉

竹笋 + 青豆 + 蟹子 + 火腿 + 苦菊

先将火腿切成薄片，再切成丝。

在锅内将水烧开，加少许油将青豆氽烫一下后捞出。

用清水将苦菊洗净，取叶片部分切成 5 厘米的段。

切成小段的竹笋用沸水氽煮断生，捞出后迅速过凉白开，控干水备用。

选择即食蟹子酱即可。

改善症状

风寒	感冒发热
肥胖	胆固醇高
贫血	脚气足肿
偏头痛	消渴烦热

BEAUTY & HEALTHY

蟹子富含高蛋白，营养丰富，体质偏柔弱的女性可以适量多吃，提高免疫力。苦菊中的胡萝卜素、维生素 C 以及钾盐、钙盐等能改善贫血，维持人体正常的生理活动。而竹笋独有的清香能促进食欲。

材料

① 竹笋　　70 克
② 青豆　　25 克
③ 蟹子　　5 汤匙
④ 火腿　　1~2 片
⑤ 苦菊　　5 克

做法

① → ② → ③ → ④ → ① → ③ → ⑤

将食材依顺序放入梅森罐中，最好在 24 小时之内吃完。

五香带鱼刺激味蕾，增进食欲，微酸的越南青柠用以调味，成为一道满载东南亚风情的鲜美沙拉。

杂蔬带鱼沙拉

青柠檬 + 生菜 + 黄甜椒 + 黄豆 + 带鱼

用五香粉将带鱼稍作腌制，并
将其煎熟，或直接选用带鱼罐
头即可。

用凉水将黄豆泡发，
约 4 小时以上，泡
发后用沸水汆烫。

黄甜椒去籽洗净
后，将其切成均
匀的细丝。

生菜用清水浸泡 3 分
钟后将其洗净，将一
部分切成丝。

将青柠檬切片后
再对半切开，在
罐子内侧靠边立
起。

改善症状

感冒	困顿疲乏
肥胖	发质枯黄
雀斑	喉咙干燥
劳累	免疫力低

BEAUTY & HEALTHY

鲜美的带鱼肉质细腻，含有
ω-3 系列的不饱和脂肪，
其中包括 DHA 和 EPA，对于
脑力劳动强度较大的人十分
适合。黄甜椒具有强大的抗
氧化作用，能防止身体老化，
使体内的细胞活化。生菜含
有莴苣素，能辅助治疗神经
衰弱，尤其适合为了工作和
家庭忙碌、精神压力大的女
性。

材料

❶	青柠檬	3~4 片
❷	生菜	45 克
❸	黄甜椒	15 克
❹	黄豆	35 克
❺	带鱼	15 克

做法

❶ → ❷ → ❸ → ❷ → ❶ → ❹
→ ❷ → ❺

将食材依顺序放入梅森罐中，盖上盖子后放
入冰箱冷藏，最好在 24 小时之内吃完。

Chapter 5

开胃诱人的
无国界沙拉

白醋的微酸和黄瓜丝的清香丰富了味觉的层次感，卖相普通的海蜇皮却有令人难忘的味道，配在一起十分开胃。

韩式黄瓜海蜇沙拉

黄瓜 + 洋葱 + 苦菊 + 紫甘蓝 + 海蜇丝

海蜇丝可事先用白醋、香油来腌制，也可以选用即食海蜇丝。

将洗净的黄瓜切成均匀的丝和4厘米的段。

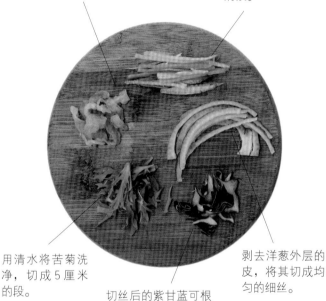

用清水将苦菊洗净，切成5厘米的段。

切丝后的紫甘蓝可根据个人口味加入适量盐和糖稍作腌制。

剥去洋葱外层的皮，将其切成均匀的细丝。

改善症状

肥胖	肝火旺盛
痤疮	皮肤老化
体寒	情绪低落
视物模糊	皮肤敏感

BEAUTY & HEALTHY

洋葱富含维生素C、烟酸，它们能促进细胞间质的形成和修复损伤细胞，使皮肤恢复光洁、红润而富有弹性，有美容养颜的作用。洋葱还被誉为"超级食物"，因为它含有多种有益身体的营养元素。

材料

❶	黄瓜	100克
❷	洋葱	20克
❸	苦菊	20克
❹	紫甘蓝	25克
❺	海蜇丝	15克

做法

❶ → ❷ → ❸ → ❶ → ❹ → ❶ → ❺

将食材依顺序放入梅森罐中，最后可放上黑芝麻点缀。食用时可根据个人口味加入芝麻酱调节。

谷物意面蔬菜沙拉

玉米片 + 燕麦片 + 意大利面 + 洋葱 + 土豆 + 鹌鹑蛋

土豆去皮并切成条，再用沸水将其汆熟。

鹌鹑蛋整个用水煮熟，剥皮，切成均匀的两半。

洋葱去皮后，切成5毫米宽的洋葱丝。

将意面泡在水中，并放进微波炉，中火微波5分钟，捞出沥干水。

将玉米片浸泡在牛奶中约15分钟。

将燕麦与清水或牛奶按1：8的比例拌匀，放入微波炉，高火微波1分钟。

改善症状

感冒	精神萎靡
便秘	眼睛干涩
贫血	失眠多梦
肥胖	食欲缺乏

BEAUTY & HEALTHY

洋葱能带来足够的碳水化合物，意大利面中含有高密度的蛋白质，复合型谷物可以提供综合的营养。蛋白质在体内分解为新鲜的氨基酸，参与人体内各项生理活动。而碳水化合物可以提供能量，调节细胞活动，在运动后促进肌肉增长，是一道完美的健身辅助沙拉。

材料

❶	玉米片	70克
❷	燕麦片	40克
❸	螺旋形意大利面	30克
❹	洋葱	35克
❺	土豆	30克
❻	鹌鹑蛋	2~3个

做 法

❶ → ❷ → ❸ → ❹ → ❶ → ❺ → ❻

将食材依顺序放入梅森罐中即可，最后再放上红甜椒丝点缀。燕麦与玉米片的用量可以根据个人喜好进行调节。

在沙拉中加入海苔与带鱼，让料理充满海潮的风味，搭配芥末酱油和酱料会让沙拉充满浓郁的日式风情。

日式带鱼和风沙拉

甜玉米粒 + 洋葱 + 海带丝 + 海苔 + 带鱼 + 牛油果

牛油果对半切开，去核，并切成均匀的片。

剪出一条2厘米宽的海苔条，将带鱼和牛油果卷到一起。

用五香粉将带鱼稍作腌制，并将其煎熟，或直接选用带鱼罐头即可。

提前用盐、酱油、香油、蒜末等佐料将海带丝腌制入味。

剥去洋葱外层的皮后，切成5毫米宽的洋葱丝。

玉米剥粒，用糖水将玉米煮熟，或直接选用甜玉米粒罐头即可。

改善症状

碘缺乏	头发稀疏
便秘	胆固醇高
痛经	肌肤缺水
贫血	食欲缺乏

BEAUTY & HEALTHY

女性多吃带鱼，能使肌肤光滑润泽，头发乌黑，面容更加靓丽。油酸是牛油果所含有的一种不饱和脂肪酸，可代替膳食中的饱和脂肪酸，降低胆固醇水平，牛油果肉中富含维生素E及胡萝卜素等，能给肌肤补充活力。咸鲜的海带丝与海苔，让沙拉拥有更多层次的味道，同时能预防缺碘，调节女性内分泌平衡。

材料

❶ 甜玉米粒	120克
❷ 洋葱	50克
❸ 海带丝	25克
❹ 带鱼	20克
❺ 牛油果	少量
❻ 海苔	1片

做法

❶ → ❷ → ❸ → ❷ → ❻ + ❹ + ❺

用海苔将带鱼和牛油果叠加卷在一起，将食材依顺序放入梅森罐中，盖上盖子后放入冰箱冷藏。

日式鱿鱼抗氧杂蔬沙拉

番茄 + 鱿鱼 + 菠菜 + 莴笋 + 红甜椒

菠菜洗净放进沸水中煮约 30 秒钟捞出（叶梗变软即可），冲冷水，用手将水轻轻挤出，切小段。

从超市购买可食用的鱿鱼丝备用。

将红甜椒洗净后切成小块备用。

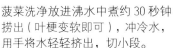

莴笋去皮，清洗干净，切成约 2 毫米宽的细丝，放入凉水中浸泡后再晾干。

番茄去蒂后洗净，对半切开，再切成可一口食用的番茄小丁（部分切片）。

材料

1. 番茄　　　1 个
2. 菠菜　　　60 克
3. 红甜椒　　1/2 个
4. 莴笋　　　1/3 根
5. 鱿鱼丝　　30 克

做法

1 → 2 → 3 → 4 → 2 → 5 → 1

将食材依顺序放入梅森罐中，盖上盖子后放入冰箱冷藏，最好在 24 小时之内吃完。

螺旋状意大利面和切丁后的土豆能带来满满的饱腹感，作为代餐沙拉再合适不过了。

土豆洋葱意面沙拉

土豆 + 红甜椒 + 意大利面 + 白洋葱 + 番茄牛肉酱

白洋葱去皮，切成 5 毫米宽的洋葱丝。

牛肉与番茄分别切丁，并加油、盐炖成泥状。

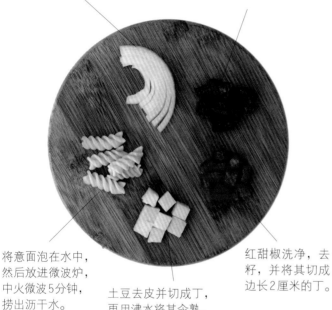

将意面泡在水中，然后放进微波炉，中火微波 5 分钟，捞出沥干水。

土豆去皮并切成丁，再用沸水将其余熟。

红甜椒洗净，去籽，并将其切成边长 2 厘米的丁。

改善症状

感冒	体质虚弱
便秘	消化不良
胀气	食欲缺乏
胃寒	筋骨酸软

BEAUTY & HEALTHY

意大利面是西餐品种中中国人最容易接受的，从营养的角度上来讲，意大利面作为沙拉材料特别营养健康，搭配多种食材，荤素结合。意大利面中含有丰富的碳水化合物，能提供足够的能量，因此能令人产生较强的饱腹感，特别符合现代营养饮食观念。

材料

❶	土豆	70 克
❷	红甜椒	1 个
❸	螺旋形意大利面	50 克
❹	白洋葱	35 克
❺	番茄牛肉酱	2 汤匙

做法

❶ → ❷ → ❸ → ❹ → ❷ → ❸ → ❺

将食材依顺序放入梅森罐中，盖上盖子后放入冰箱冷藏，最好在 24 小时之内吃完。

咸鲜火腿混合黄金奇异果，咸与甜的碰撞，滋味奇妙；颗粒饱满圆润、色泽透明清亮的黑鱼子作为沙拉的点睛之笔。这道沙拉价格不低，营养价值更高。

俄式黑鱼子火腿果蔬沙拉

黑鱼子 + 火腿 + 圆生菜 + 黄金奇异果

黄金奇异果去皮，对半切开，再切成小块。

购买可直接食用的火腿，切成小丁。

购买可直接食用的黑鱼子备用。

圆生菜掰开，用凉白开加盐浸泡 10 分钟，洗净沥干水，切成宽度约为 1 厘米的长条。

改善症状

肥胖	皮肤老化
抑郁	肠胃胀气
便秘	免疫力低
体虚	发质干枯

BEAUTY & HEALTHY

黑鱼子号称"黑黄金"，含有皮肤所需的微量元素，带给肌肤充分的营养，能够改善皱纹，维持肌肤的光滑细腻。新西兰特产黄金奇异果除了含有其他水果常见的成分以外，还含有黄体素、氨基酸、天然肌醇等少见成分。它的钙含量是葡萄柚的 2.6 倍，维生素 C 的含量是柳橙的 2 倍，是减肥与营养兼顾的最佳选择。

材料

❶ 圆生菜　　　60 克
❷ 火腿　　　　1 根
❸ 黄金奇异果　1 个
❹ 黑鱼子　　　20 克

做法

❶ → **❷** → **❶** → **❸** → **❶** → **❷** → **❹**

将食材依顺序放入梅森罐中，盖上盖子后放入冰箱冷藏，最好在 24 小时之内吃完。

海洋食物专属的咸鲜之味，配上清新的莴苣，再带一点点青椒的辛辣，意外地融洽，既满足了味蕾又补充了营养。

韩式海带鱼仔咸鲜沙拉

青椒 + 木鱼花 + 豆腐皮 + 莴笋 + 海带 + 鱼仔

去超市选购可食用的木鱼花备用。

青椒去蒂和籽后洗净，切成小块。

莴笋去皮清洗干净，切成厚度为2毫米的细丝，放入凉水中浸泡后再晾干。

去超市选购可食用的海带丝备用。

去超市选购可食用的豆腐皮切丝备用。

去超市选购可食用的鱼仔备用。

改善症状

肥胖	甲状腺病
缺钙	乳汁不通
厌食	发质枯黄
皮肤老化	营养不良

BEAUTY & HEALTHY

爽滑的海带含有碘和碘化物，对于预防缺碘性甲状腺肿、女性乳腺增生都有益处。多吃鱼类制品、豆类制品可以补充蛋白质和氨基酸以及钙、铁等元素，是高强度工作的能量来源，而青椒拥有大量维生素，日常生活中也要保证有足够的摄入量。

材料

❶ 海带　　60 克
❷ 莴笋　　1/3 根
❸ 鱼仔　　40 克
❹ 豆腐皮　40 克
❺ 木鱼花　20 克
❻ 青椒　　1/2 个

做法

❶ → ❷ → ❸ → ❶ → ❷ → ❹ → ❺ → ❻

将食材依顺序放入梅森罐中，盖上盖子后放入冰箱冷藏，最好在 24 小时之内吃完。

土豆鹌鹑蛋南瓜沙拉

千岛酱 + 南瓜 + 土豆 + 鹌鹑蛋 + 洋葱 + 玉米粒

南瓜去籽、瓤，切成正方块，放入蒸锅中蒸 20~25 分钟。

鹌鹑蛋整个用水煮熟，剥皮，切成均匀的两半。

土豆洗净去皮并切成丝，再用沸水将其余熟。

玉米蒸熟后，剥出玉米粒备用。

洋葱去皮后，切成 5 毫米宽的洋葱丝。

改善症状

体寒	营养不良
贫血	皮肤过敏
肥胖	失眠多梦
便秘	流行性感冒

BEAUTY & HEALTHY

香甜软糯的南瓜中含有维生素和果胶，果胶有很好的吸附性，能黏结和消除体内细菌毒素及其他许多有害物质，还可以保护胃肠道黏膜免受粗糙食品的刺激。小巧可口的鹌鹑蛋中含有丰富的卵磷脂和脑磷脂，是高级神经活动不可缺少的营养物质，具有健脑的作用。辛辣口感的洋葱既能调味刺激食欲，又具有较强的杀菌作用。

材料

❶ 南瓜　　160~180 克
❷ 土豆　　30 克
❸ 鹌鹑蛋　6~8 个
❹ 洋葱　　30 克
❺ 玉米粒　少许
❻ 千岛酱　2~3 大勺

做法

❻ → ❶ → ❷ → ❸ → ❷ → ❹ → ❶ → ❸ → ❺

将食材依顺序放入梅森罐中，可在最上面放上红甜椒丝点缀。千岛酱的分量可依据个人口味适当调节。

日式魔芋海苔虾仁沙拉

海苔 + 魔芋丝 + 虾仁 + 生菜 + 胡萝卜 + 木鱼花

鲜虾去壳，剥出虾仁，开背取出虾线，反复冲洗后放入沸水中烫半分钟左右，即可捞出。

胡萝卜洗净去皮，切成丝。

海苔切成细丝。

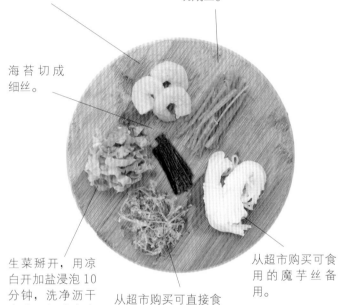

生菜掰开，用凉白开加盐浸泡 10 分钟，洗净沥干水分，切成宽度为 2 厘米的丝。

从超市购买可直接食用的木鱼花，取出适量备用。

从超市购买可食用的魔芋丝备用。

改善症状

肥胖	胆固醇高
便秘	免疫力低
消渴	肺热咳嗽
贫血	眼睛干涩

BEAUTY & HEALTHY

虾仁营养丰富，它所含有的蛋白质是鱼、蛋、奶的几倍到几十倍，多吃虾仁有益于增强体质。而虾仁中的虾青素既是超强抗氧化剂，又有助于消除因时差反应而产生的不适感。魔芋丝低热量，饱腹感强，追求美颜瘦身的女性别轻易错过。

材料

❶	虾仁	10 个
❷	生菜	40 克
❸	木鱼花	10 克
❹	胡萝卜	1/3 个
❺	魔芋丝	60 克
❻	海苔	1 片

做法

❶ → ❷ → ❸ → ❷ → ❶ → ❹ → ❺ → ❻

将食材依顺序放入梅森罐中，盖上盖子后放入冰箱冷藏，最好在 24 小时之内吃完。

Q弹的墨鱼仔，用略带辛辣的泡菜配合杂蔬进行调味，酸甜、微辣、清爽，带给味蕾多层次的饱满体验。

韩式墨鱼仔杂蔬泡菜沙拉

墨鱼仔 + 生菜 + 番茄 + 胡萝卜 + 青柠檬 + 泡菜

生菜靠近根部的部分洗净，切成小块。

用清水冲洗青柠檬，用盐搓洗表皮，再用流动水冲洗 2 分钟擦干，切成厚度为 5 毫米的薄片。

胡萝卜洗净去皮，切成丝。

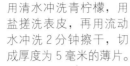

从超市买来已用水焯熟，用酱料腌制好的墨鱼仔备用。

番茄去蒂洗净，切成厚度约为 5 毫米的番茄片。

生菜掰开，叶片部分用凉白开加盐浸泡 10 分钟，洗净沥干水分，切成边长约 2 厘米的叶片。

泡菜切成小块。

改善症状

贫血	月经不调
皱纹	免疫力低
舌干	肺热口渴
肥胖	消化不良

BEAUTY & HEALTHY

墨鱼仔味道可口，营养丰富，富含蛋白质、无机盐、碳水化合物等多种物质，具有益血补肾、明目等功效，是现代女性的理想食材。鲜美微辣的泡菜促进食欲，泡菜中含有的乳酸菌可净化肠胃，预防肥胖。番茄、胡萝卜等多种蔬菜不仅带来丰富的口感，还能补充大量人体所需的维生素，提高免疫力。

材料

① 泡菜　　　　50 克
② 青柠檬　　　1/3 个
③ 胡萝卜　　　50 克
④ 生菜　　　　70 克
⑤ 番茄　　　　1/3 个
⑥ 墨鱼仔　　　100 克

做法

① → **②** → **③** → **①** → **⑤** → **④** → **⑥**

将食材依顺序放入梅森罐中，盖上盖子后放入冰箱冷藏，最好在 24 小时之内吃完。

三文鱼搭配牛油果，香醇溢满。细腻绵密的口感，带给你超级享受的同时，无需担心会让身体发胖。

和风三文鱼牛油果四色沙拉

牛油果 + 三文鱼 + 木鱼花 + 土豆 + 番茄 + 黄瓜 + 生菜

生菜掰开，用凉白开加盐浸泡 10 分钟，洗净沥干水分，切成宽度约为 1 厘米的长条。

土豆洗净削皮，切成宽边长约 1 厘米的小丁，用水煮熟后，捞出沥干水分。

黄瓜用清水洗净，切成宽度约为 2 毫米的细丝。

牛油果洗净去皮，对半切开取出果核，再切成厚度为 2 毫米的薄片。

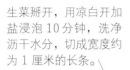

新鲜三文鱼放入冰箱冰镇约 20 分钟，取出后斜切成厚度约 1 厘米的生鱼片。

从超市购买可直接食用的木鱼花，取出适量备用。

番茄去蒂洗净，切成厚度约为 5 毫米的片。

改善症状

多痰	视力下降
皱纹	免疫力低
便秘	皮肤干燥
肥胖	发质干枯

BEAUTY & HEALTHY

被称为"森林黄油"的牛油果含有丰富的维生素和植物油脂，可清除自由基，延缓衰老，滋润肌肤，增加皮肤弹性，同时针对干枯发质也有特殊功效。三文鱼富含丰富的不饱和脂肪酸，它配上牛油果，只需一小份就能带来满满的饱腹感。四色蔬菜带来视觉上和营养上的补充，让你充分感受到食材搭配之间的奇妙碰撞。

材料

❶	生菜	80 克
❷	土豆	1/2 个
❸	番茄	1/2 个
❹	黄瓜	1/3 根
❺	木鱼花	10 克
❻	三文鱼	80 克
❼	牛油果	1/3 个

做法

❶ → ❷ → ❸ → ❹ → ❹ → ❸

→ ❷ → ❺ → ❻ → ❼

将食材依顺序放入梅森罐中，盖上盖子后放入冰箱冷藏，最好在 24 小时之内吃完。

泰式青木瓜胡萝卜养颜沙拉

番茄 + 青木瓜 + 胡萝卜 + 圆生菜

青木瓜去皮、籽后，切细丝，用盐拌匀后腌 30 分钟（若喜食辣味可适当加入辣椒粉）备用。

胡萝卜用清水洗净，在冷盐水中浸泡 3~5 分钟，再次洗净，切成细丝。

将圆生菜掰开，用冷开水加盐浸泡 3~5 分钟，洗净沥干水分，切成宽度约为 1 厘米的长条。

番茄去蒂后洗净，切成厚度约为 5 毫米的薄片。

改善症状

口臭　眼睛干涩

腹泻　乳汁不足

困乏　肠胃积滞

肥胖　皮肤粗糙

BEAUTY & HEALTHY

青木瓜与成熟木瓜相比不仅有着更为清爽的口感，所含的木瓜酵素也更为丰富。分解人体脂肪，利于瘦身。而木瓜酶配合胡萝卜、番茄、圆生菜等蔬菜中的维生素 C 成分，帮助进行消化，清理人体肠胃，排出毒素，使肌肤摆脱暗黄与粗糙，使人变得更有活力。

材料

❶ 青木瓜　　1/3 个
❷ 胡萝卜　　1/2 根
❸ 圆生菜　　50 克
❹ 番茄　　　1 个

做法

❶ → ❷ → ❸ → ❹ → ❶ → ❷ → ❹

将食材依顺序放入梅森罐中，盖上盖子后放入冰箱冷藏，最好在 24 小时之内吃完。

橙、白、绿、紫多色蔬菜鲜丝用醋来调出酸味，却又不失自身的清甜，是一道带着泰式酸甜口味的开胃健康沙拉。

泰味鲜丝腰果酸脆沙拉

腰果 + 紫甘蓝 + 黄瓜 + 胡萝卜 + 白萝卜

紫甘蓝清洗干净，切成宽度为
5 毫米的细条。

黄瓜洗净去皮，切
成细丝。

去超市购买可食
用的腰果备用。

胡萝卜洗净，去皮，
切丝。

从超市购买用醋
腌制过的可直接
食用的酸味白萝
卜丝。

改善症状

疲劳	眼睛干涩
皮肤瘙痒	皮肤衰老
感冒	精力不足
便秘	食欲缺乏

BEAUTY & HEALTHY

酸爽可口的萝卜丝，激发食
欲。富含胡萝卜素和多种维
生素的双色萝卜丝，能清肝
明目，增强免疫力，而植物
性纤维在肠道中体积容易膨
胀，是肠道中的"充盈物
质"，增加饱腹感。紫甘蓝
中的花青素有着超强的抗氧
化能力，同时修复受损血管
壁。若觉得单吃纯素沙拉不
易饱，腰果中的优质油脂能
给身体提供能量。

材料

1. 白萝卜　　60 克
2. 黄瓜　　　1/2 根
3. 胡萝卜　　60 克
4. 紫甘蓝　　40 克
5. 腰果　　　30 克

做法

① → ② → ③ → ① → ③ → ②
→ ④ → ⑤

将食材依顺序放入梅森罐中，盖上盖子后放
入冰箱冷藏，最好在 24 小时之内吃完。

Chapter 6

纤体瘦身的
代餐沙拉

软糯的虾仁和绵密的牛油果，配合爽脆的蔬菜，酸甜的番茄用以调味，既清凉爽口又不必担心会长肉发胖。

牛油果虾仁番茄沙拉

牛油果 + 虾仁 + 木鱼花 + 青柠檬 + 番茄 + 生菜 + 红叶生菜

鲜虾去壳，剥出虾仁，开背取出虾线，反复冲洗后放入沸水中烫半分钟左右，即可捞出。

生菜掰开，用凉白开加盐浸泡 10 分钟，洗净沥干水，切成宽度约为 2 厘米的丝。

用水清洗青柠檬，用盐搓洗表皮，用清水再次冲洗 2 分钟，切成厚度为 5 毫米的薄片。

木鱼花购买市售的切丝。

红叶生菜掰开，用凉白开加盐浸泡 10 分钟，洗净沥干水，切成宽度约为 2 厘米的丝。

牛油果洗净去皮，对半切开，取出果核，一部分切成厚度为 2 毫米的薄片，另一部分切成细丝。

番茄去蒂后洗净，对半切开，再切成番茄小丁。

改善症状

腹胀	免疫力低下
口臭	肠胃不适
感冒	皮肤松弛
肥胖	食欲缺乏

BEAUTY & HEALTHY

牛油果中丰富的维生素，虾仁体内的虾青素、番茄里的番茄红素都是超强抗氧化剂，在帮助身体抵抗自由基时可谓强强联手，滋养皮肤，改善肌肤弹性及光泽。除了抗氧化，虾仁及果蔬因为营养价值很高，有助于增强人体免疫力。红叶生菜中的大量纤维素可以促进胃肠道消化，能让我们的身体变得更健康。

材料

❶ 生菜	30 克
❷ 番茄	1/2 个
❸ 牛油果	1/2 个
❹ 虾仁	8 个
❺ 红叶生菜	30 克
❻ 青柠檬	1/3 个
❼ 木鱼花	10 克

做法

❶ → ❷ → ❸ → ❹ → ❷ → ❺ → ❸ → ❻ → ❼ → ❹

将食材依顺序放入梅森罐中，盖上盖子后放入冰箱冷藏，尽量于 24 小时之内吃完。

润滑可口的滑子菇保证了人体对于粗蛋白与碳水化合物的摄入，多种蔬菜则带来了维生素和氨基酸，是一道瘦身必备沙拉。

滑子菇西蓝花番茄沙拉

滑子菇 + 圆生菜 + 番茄 + 西蓝花

番茄去蒂洗净，切成厚度约为 5 毫米的番茄片。

将圆生菜掰开，用凉白开加盐浸泡 3~5 分钟，洗净沥干水，切成宽度约为 1 厘米的丝。

改善症状

肥胖	内火旺盛
便秘	食欲缺乏
口渴	精力不足
色斑	肌肤暗沉

BEAUTY & HEALTHY

原产于日本的滑子菇通过分解木材和枯草获得营养，其表面的黏性物质属于一种核酸，让滑子菇口感润滑，供给人体活力。滑子菇与杂蔬中的膳食纤维能清火排毒，预防便秘。所选食材均属于低热量食物，保持每日工作活力的同时又能防止发胖。

将滑子菇用剪刀剪去老根，洗干净后放入开水中烫煮 3~5 分钟，捞出控干水分备用。

西蓝花洗净，切成可一口食用的大小，放入沸水中，烫煮 3~5 分钟，沥干水备用。

材料

① 滑子菇　　80 克
② 圆生菜　　40 克
③ 西蓝花　　50 克
④ 番茄　　　1/2 个

做法

① → ② → ③ → ④ → ② → ① → ③

将食材依顺序放入梅森罐中，盖上盖子后放入冰箱冷藏，最好在 24 小时之内吃完。

豆苗西芹胡萝卜沙拉

豆苗 + 莴苣 + 西芹 + 胡萝卜 + 番茄

胡萝卜刷洗干净，去皮切块，处理成可一口食用的大小。

用清水洗净番茄，去皮，对半切开，再切成小块。

莴苣去皮清洗干净，切成宽度约为2毫米的细丝，放入凉水中浸泡后再控干水分。

绿豆苗洗净，放入沸水中焯水约2分钟，捞出后沥干水备用。

西芹洗净后去掉过老的纤维，切成小段，简单焯水。

改善症状

水肿	消化不良
眩目	血压偏高
贫血	头发枯黄
便秘	产后少乳

BEAUTY & HEALTHY

绿豆苗、西芹和莴苣都是富含植物纤维素的蔬菜，可以促进肠胃蠕动，帮助消化，缓解便秘等，预防消化道方面的疾病。同时西芹既含有大量钙质，可以强健骨骼，又含有钾元素，可以减少身体内的水分堆积，消除水肿。

材料

❶	番茄	1 个
❷	西芹	1/3 根
❸	胡萝卜	1/2 个
❹	莴苣	1/3 根
❺	豆苗	40 克

做法

❶ → ❷ → ❸ → ❹ → ❺

将食材依顺序放入梅森罐中，盖上盖子后放入冰箱冷藏，最好在 24 小时之内吃完。

腰果黄瓜青豆香脆沙拉

腰果 + 圆生菜 + 黄瓜 + 紫甘蓝 + 青豆

将圆生菜掰开，用凉白开加盐浸泡 10 分钟，洗净沥干水，切成宽度约为 5 毫米的细条。

从超市购买可直接食用的腰果备用。

紫甘蓝洗净表面，切成宽度为 5 毫米的细条。

将新鲜青豆加入有盐分的沸水中，以慢火煮 3~5 分钟直至青豆变软，盛出青豆以冷水清洗后沥干水分。

黄瓜用清水洗净，去皮，切成厚度约为 2 毫米的薄片。

改善症状

失眠	脾胃失调
水肿	唇角发炎
肥胖	头发干枯
疲劳	乳汁不足

BEAUTY & HEALTHY

爽脆的蔬菜中富含的超强维生素群负责克服自由基对细胞造成的伤害，避免肌肤暗淡老化。青豆有丰富的不饱和脂肪酸与大豆磷脂，保持血管弹性，防止脂肪酸形成。腰果中的优质油脂，可以润肠通便，润肤美容，延缓衰老。

材料

❶	青豆	80 克
❷	紫甘蓝	60 克
❸	黄瓜	1/2 根
❹	圆生菜	40 克
❺	腰果	30 克

做 法

❶ → ❷ → ❸ → ❷ → ❹ → ❺

将食材依顺序放入梅森罐中，盖上盖子后放入冰箱冷藏，最好在 24 小时之内吃完。

满口爽脆的新鲜蔬菜是夏日里的一缕微凉。蟹肉棒和木鱼花带来海洋的味道，这是一道既能让你感受清凉又能抗氧化的美味沙拉。

蟹肉鲜蔬脆爽沙拉

蟹肉棒 + 木鱼花 + 番茄 + 红叶生菜 + 黄瓜 + 胡萝卜

将红叶生菜掰开，用凉白开加盐浸泡10分钟，洗净沥干水，切成宽度约为2厘米的叶片。

胡萝卜洗净去皮，切成细丝。

番茄去蒂后洗净，对半切开，再切成厚度为5毫米的薄片。

黄瓜洗净去皮，先切成段，再切成细丝。

从超市购买可直接食用的木鱼花，取出适量备用。

蟹肉棒在沸水中余烫约20秒钟后捞起，放凉后备用。

改善症状

湿热	腿脚酸痛
失眠	暑气重
色斑	皮肤暗沉
口渴	营养不良

BEAUTY & HEALTHY

含有丰富的蛋白质以及多种微量元素的蟹肉棒可以给身体补充能量，清脆爽口的黄瓜丝、胡萝卜丝、生菜、番茄带来大量人体所需的维生素，促进新陈代谢，帮助身体排出毒素，同时对抗皮肤衰老，让肌肤变得水润健康。

材料

❶	胡萝卜	1/3 根
❷	黄瓜	1/2 根
❸	番茄	1/2 个
❹	红叶生菜	60 克
❺	木鱼花	10 克
❻	蟹肉棒	80 克

做法

❶ → ❷ → ❸ → ❷ → ❹ → ❸ → ❺ → ❻

将食材依顺序放入梅森罐中，盖上盖子后放入冰箱冷藏，最好在24小时之内吃完。

奇异果紫甘蓝混合果蔬沙拉

生菜 + 紫甘蓝 + 西芹 + 黄金奇异果

西芹洗净后去掉过老的纤维，切成小段，简单焯水。

冲洗紫甘蓝的表面，切成宽度为5毫米的细条。

黄金奇异果洗净去皮，对半切开，再切成小块。

生菜用清水洗净，切成宽度约为2厘米的叶片。

改善症状

肥胖	皮肤瘙痒
皱纹	血压偏高
贫血	情绪低落
肤色暗沉	排便不畅

BEAUTY & HEALTHY

黄金奇异果有着出众的抗氧化性能，帮助肌肤保持活力，良好的可溶性膳食纤维令人产生饱腹感，是身材管理者的首选。西芹、生菜、紫甘蓝三种蔬菜含有铁、硫、甘露醇、维生素C等，对于快节奏生活的现代都市人来说能够辅助缓解精神衰弱，改善肌肤暗沉，补充能量与活力。

材料

① 西芹　　　　　1/2 根
② 紫甘蓝　　　　60 克
③ 黄金奇异果　　1 个
④ 生菜　　　　　40 克

做法

① → ② → ③ → ① → ② → ④

将食材依顺序放入梅森罐中，盖上盖子后放入冰箱冷藏，最好在 24 小时之内吃完。

西蓝花红菜苔开胃沙拉

火腿 + 西蓝花 + 红菜苔 + 紫甘蓝

红菜苔剥去根部粗皮，切成段，清洗干净后放入开水中烫煮 3~5 分钟，沥干水备用。

购买直接可食用的火腿，去掉外包装，切丝。

西蓝花洗净，切成可一口食用的大小，放入沸水中烫煮 3~5 分钟，沥干水。

紫甘蓝洗净表面，切成宽度为 5 毫米的细条。

改善症状

感冒	免疫力低
体热	皮肤瘙痒
口臭	咽喉疼痛
肥胖	食欲缺乏

BEAUTY & HEALTHY

西蓝花有着比其他蔬菜更全面的营养成分，以及多种吲哚衍生物，可降低人体内雌激素水平，帮助预防乳腺疾病。紫甘蓝中的花青素能抗氧化，硫元素能止痒，维护皮肤健康。红菜苔中的大量胡萝卜素转变为维生素 A，能明亮双目。

材料

❶ 红菜苔	60 克
❷ 火腿	1 根
❸ 紫甘蓝	60 克
❹ 西蓝花	80 克

做法

❶ → ❷ → ❸ → ❹ → ❷ → ❸ → ❶ → ❹ → ❷

将食材依顺序放入梅森罐中，盖上盖子后放入冰箱冷藏，最好在 24 小时之内吃完。

咸鲜火腿与辛辣青椒刺激味
蕾，番茄与紫甘蓝联手铸造
肌肤抗氧化围墙。让你在健
康与美味之中寻求平衡。

紫甘蓝火腿甘咸沙拉

番茄 + 紫甘蓝 + 青椒 + 火腿

紫甘蓝洗净表面，切成宽度为 5 毫米的细条。

去超市购买可直接食用的火腿，去掉外包装，切成宽约 5 毫米的条。

番茄去蒂洗净，切成可一口食用的小块。

改善症状

皮肤瘙痒	皮肤松弛
色斑	气血不足
厌食	脂肪蓄积
肥胖	发热烦渴

BEAUTY & HEALTHY

火腿富含脂肪、蛋白质和铜元素。能够增加饱腹感；维持钾钠平衡，提高人体免疫力；而铜是人体健康不可缺少的微量营养素，对于我们的肌肤、发质、骨骼发育都有重要影响。紫甘蓝中的花青素和番茄中的谷胱甘肽可清除体内有毒物质，恢复人体器官的正常功能，延缓衰老。配合青椒中的叶绿素，能吸走多余脂肪，纤体瘦身。

材料

❶ 番茄　　1 个
❷ 紫甘蓝　60 克
❸ 火腿　　1 根
❹ 青椒　　1/2 个

做法

❶ → **❷** → **❸** → **❹** → **❷** → **❶**

将食材依顺序放入梅森罐中，盖上盖子后放入冰箱冷藏，最好在 24 小时之内吃完。

157

食材简单，易上手，营养价值却很高，补充微量元素和纤维，适合调节暴饮暴食后不堪重负的身体。

鲜味鱼仔番茄菠菜沙拉

鱼仔 + 菠菜 + 番茄 + 莴苣 + 红甜椒

番茄去蒂后洗净，对半切开，再切成小丁。

莴苣去皮后清洗干净，切成厚度约 2 毫米的细条，放入凉水中浸泡后再控干水分。

红甜椒洗净后去蒂除籽，切成可一口食用的大小。

菠菜洗净放进沸水中煮约 30 秒钟后捞出（叶梗变软即可），冲冷水，用手将水轻轻挤出。

从超市购买适合自己口味的可食用鱼仔。

改善症状

贫血	免疫力低
雀斑	消积下气
肥胖	疲劳易困
厌食	色素沉着

BEAUTY & HEALTHY

菠菜是 β - 胡萝卜素、铁、叶酸等营养成分的极佳来源，适合孕期女性食用。红甜椒含有大量维生素 A 和维生素 C，这些丰富的抗氧化剂能中和体内的有害氧自由基，帮助抵抗衰老。莴苣含有纤维素，帮助消化，番茄中的谷胱甘肽能抑制络氨酸酶的活性，预防黑色素形成，有助于肌肤白皙。

材料

❶	菠菜	60 克
❷	红甜椒	1/2 个
❸	莴苣	1/3 根
❹	番茄	1 个
❺	鱼仔	30 克

做法

❶ → ❷ → ❸ → ❶ → ❹ → ❺

将食材依顺序放入梅森罐中，盖上盖子后放入冰箱冷藏，尽量于 24 小时之内吃完。

火腿与青豆中丰富的蛋白
质帮助提高人体免疫力，
给人体补充活力，让我们
元气满满地开始每一天！

青豆火腿高蛋白沙拉

玉米 + 火腿 + 青豆 + 圆生菜

从超市购买可直接食用的火腿，去掉外包装，切成厚度约为 5 毫米的条。

将圆生菜掰开，用凉白开加盐浸泡 3~5 分钟，洗净沥干水，切成宽度约为 1 厘米的长条。

将新鲜青豆加入有盐分的沸水中，以慢火煮 3~5 分钟直至青豆变软，再用冷水清洗后沥干备用。

玉米去掉外皮洗净后剥出玉米粒，放入开水中氽烫 3~5 分钟，沥干水备用。

改善症状

失眠	免疫力低
便秘	神经衰弱
厌食	胆固醇高
乏力	皮肤衰老

BEAUTY & HEALTHY

豆类和玉米中富含的植物性蛋白质被称为"植物肉"，帮助人体提高免疫力，增加神经机能和活力，且不会导致胆固醇升高。其中，豆类中的大豆异黄酮，配合圆生菜中的维生素能帮助我们改善肌肤。

材料

1️⃣ 玉米　　　1 根
2️⃣ 青豆　　　60 克
3️⃣ 圆生菜　　50 克
4️⃣ 火腿　　　1/2 根

做法

1️⃣ → 2️⃣ → 3️⃣ → 1️⃣ → 4️⃣

将食材依顺序放入梅森罐中，最后可加入番茄和西蓝花点缀，盖上盖子后放入冰箱冷藏，最好在 24 小时之内吃完。

紫甘蓝豆苗爽口沙拉

干虾皮 + 紫甘蓝 + 豆苗 + 糯玉米

玉米去掉外皮清洗干净，剥出玉米粒放入锅中加水煮5分钟左右，取出放冷备用。

绿豆苗洗净，放入沸水中焯约2分钟，捞出沥干水备用。

干虾皮使用清水浸泡10~15分钟，去除化学残留物和部分咸味，挑出混在里面的杂物后备用。

紫甘蓝洗净表面，切成宽度为5毫米的细条。

改善症状

便秘	胆固醇高
缺钙	食少体倦
感冒	口鼻生疮
水肿	消化不良

BEAUTY & HEALTHY

紫甘蓝里的半胱氨酸和优质蛋白协助肝脏解毒，清除体内垃圾。其中丰富的花青素搭配绿豆苗中的维生素C共同抵抗自由基，抗衰老。豆苗中的膳食纤维是便秘患者首选的健康食材。糯玉米中含有不饱和脂肪酸，可降低血液中胆固醇的浓度。虾皮富含蛋白质和矿物质，尤其钙的含量极为丰富，缺钙的朋友可以多吃。

材料

❶	糯玉米	1/2 根
❷	紫甘蓝	60 克
❸	豆苗	60 克
❹	干虾皮	10 克

做法

❶ → ❷ → ❸ → ❷ → ❶ → ❷ → ❸ → ❹

将食材依顺序放入梅森罐中，盖上盖子后放入冰箱冷藏，最好在24小时之内吃完。

玉米山药杂蔬粗粮沙拉

玉米 + 山药 + 黄瓜 + 番茄 + 圆生菜

山药洗净去皮，切成宽度约为 1 厘米的条，放入蒸锅中蒸 10~15 分钟。

将圆生菜掰开，用凉白开加盐浸泡 3~5 分钟，洗净沥干水，切成宽度约为 1 厘米的长条。

玉米去皮洗净后剥出玉米粒，放入开水中汆烫 3~5 分钟，沥干水备用。

番茄去蒂后洗净，切成小块。

黄瓜用清水洗净去皮，切成细丝。

改善症状

贫血	免疫力低
雀斑	消积下气
肥胖	疲劳易困
厌食	色素沉着

BEAUTY & HEALTHY

玉米中的纤维素含量很高，能促进肠胃蠕动，缩短食物残渣在肠胃里的停留时间，加速有害物质的排出。山药口感绵密发黏，含有的重要营养物质——薯蓣皂苷元是女性激素的先驱合成物质，可以增强新陈代谢。蔬菜中的维生素、氨基酸等成分跟粗粮互补，能均衡膳食。

材料

❶	玉米	1/2 根
❷	圆生菜	60 克
❸	番茄	1 个
❹	黄瓜	1/2 根
❺	山药	1/3 根

做法

❶ → ❷ → ❸ → ❹ → ❺ → ❶

将食材依顺序放入梅森罐中，盖上盖子后放入冰箱冷藏，最好在 24 小时之内吃完。

厌倦了油腻的高热量食物，来一份清爽的什锦蔬菜沙拉，不仅能收获满口的清新，还能抵抗衰老和肥胖。

什锦蔬菜清爽抗氧沙拉

黄瓜 + 圆生菜 + 番茄 + 紫甘蓝 + 豆苗 + 西芹 + 玉米

黄瓜洗净去皮，切成厚度约为 3 毫米的薄片。

玉米去皮洗净后剥出玉米粒，放入开水中氽烫 3~5 分钟，沥干水备用。

绿豆苗洗净，放入沸水中焯约 2 分钟，捞出后沥干水备用。

番茄去蒂洗净，切成厚度约为 5 毫米的片。

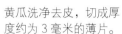

将圆生菜掰开，用凉白开加盐浸泡 3~5 分钟，洗净沥干水，切成宽度约为 1 厘米的片。

西芹洗净后去掉过老的纤维，切成小段，简单焯水。

紫甘蓝洗净表面，切成宽度为 5 毫米的细条。

改善症状

贫血	月经不调
皱纹	免疫力低
舌干	肺热口渴
肥胖	消化不良

BEAUTY & HEALTHY

圆生菜茎叶中的莴苣素与芹菜叶子中分离出的一种碱性成分，有利于安定情绪，消除烦躁，具有镇静安眠、辅助治疗神经衰弱的功效。而紫甘蓝拥有超强抗氧化物质——花青素，联手番茄里的番茄红素，打击体内自由基，抵抗衰老。黄瓜中的黄瓜酶有很强的生物活性，能促进机体的新陈代谢，也需要适量补充。

材料

❶ 玉米　　　1/2 根
❷ 紫甘蓝　　60 克
❸ 西芹　　　1/3 根
❹ 豆苗　　　40 克
❺ 圆生菜　　60 克
❻ 番茄　　　1/2 个
❼ 黄瓜　　　1/3 根

做法

❶ → ❷ → ❸ → ❹ → ❷ → ❺ → ❻ → ❼

将食材依顺序放入梅森罐中，盖上盖子后放入冰箱冷藏，最好在 24 小时之内吃完。

Mason jar